校企双元任务驱动式系列教材

任务驱动式
电气控制教程

（上）

主 编　杨　萍　李学荣

参 编　李万艳　丁叶文　韩建斌
　　　　许玉婷　盛钱杰

主 审　江可万

上海交通大学出版社
SHANGHAI JIAO TONG UNIVERSITY PRESS

内容提要

本教材包括电气控制技术、电子技术、传感器技术、气动技术、可编程控制器技术、电气综合技术应用六个学习领域，共 20 个学习任务。每个学习领域都有相应的知识点，帮助学生精准掌握相关专业知识。学生学习时，可先了解规章制度、5S 管理要求、技术规范等。

本教材可作为职业院校机电技术类专业教学用书，尤其是中德合作的机电一体化技术专业教学用书，也可作为机电设备安装与调试、机电设备维修等相关岗位企业员工的培训教材。

图书在版编目(CIP)数据

任务驱动式电气控制教程. 上／杨萍,李学荣主编
. —上海：上海交通大学出版社,2021.9
ISBN 978 - 7 - 313 - 25407 - 8

Ⅰ. ①任…　Ⅱ. ①杨… ②李…　Ⅲ. ①电气控制－高等职业教育－教材　Ⅳ. ①TM921.5

中国版本图书馆 CIP 数据核字(2021)第 182402 号

任务驱动式电气控制教程(上)
RENWU QUDONGSHI DIANQI KONGZHI JIAOCHENG (SHANG)

主　　编：杨　萍　李学荣
出版发行：上海交通大学出版社　　　　　地　　址：上海市番禺路 951 号
邮政编码：200030　　　　　　　　　　电　　话：021 - 64071208
印　　制：常熟市文化印刷有限公司　　　经　　销：全国新华书店
开　　本：787 mm×1092 mm　1/16　　印　　张：14.75
字　　数：320 千字
版　　次：2021 年 9 月第 1 版　　　　　印　　次：2021 年 9 月第 1 次印刷
书　　号：ISBN 978 - 7 - 313 - 25407 - 8
定　　价：49.00 元

前　言

　　"双元制"职业教育就是整个培训过程在企业和职业院校进行,并且以企业培训为主,企业中的实践和在职业院校中的理论教学密切结合。德国"双元制"职业教育作为一种比较完善的职业教育模式,被我国许多职业院校借鉴应用。上海东海职业技术学院机电学院自 2014 年以来,改革创新人才培养模式,进行中德双证融通人才培养模式的探索与实践,在培养具有国际化视野的技术技能人才方面取得了一定的成效。本教材是编者在参与中德双证融通项目教学和课程建设,根据学生的学情,结合企业工作实际的基础上编写,具有以下特色:

　　(1) 根据学习领域设置学习任务,以任务驱动,将专业知识、技能训练、职业素养等融为一体;

　　(2) 每个任务包括信息、计划、决策、实施、检查、评价等教学过程,有助于培养学生分析和解决问题的能力;

　　(3) 每个学习任务配有问题引导、图表分析,直观易懂;

　　(4) 设置小组活动、个人学习、小组展示和个人展示等多元学习形式,可以锻炼学生的综合能力。

　　本教材包括电气控制技术、电子技术、传感器技术、气动技术、可编程控制器技术、电气综合技术应用六个学习领域,共 20 个学习任务。每个学习领域都有相应的知识点,帮助学生精准掌握相关专业知识。学生学习时,可先了解规章制度、5S 管理要求、技术规范等。

　　本教材可作为职业院校机电技术类专业教学用书,尤其是中德合作的机电一体化技术专业教学用书,也可作为机电设备安装与调试、机电设备维修等相关岗位企业员工的培训教材。

本教材由上海东海职业技术学院杨萍、李学荣担任主编,江可万担任主审,参编人员有李万艳、丁叶文、韩建斌、许玉婷、盛钱杰等。

由于编写时间仓促,编者水平有限,本教材难免存在疏漏和错误之处,敬请老师和同学们批评指正。

编者

2021 年 1 月

目 录

学习领域一

电气控制技术

知识点 1　常用低压电器

低压电器是指工作电压在交流 1 200 V、直流 1 500 V 及以下的电器。按其控制对象不同,低压电器分为低压配电电器和低压控制电器两大类。低压配电电器主要用于低压配电系统和动力回路,它具有工作可靠、热稳定性和电动力稳定性好等优点。低压控制电器主要用于电力传输系统中,它具有工作准确可靠、操作效率高、寿命长、体积小等优点。下面将简述常用低压电器的用途、结构、工作原理,以及选用、安装要求。

1. 组合开关

组合开关又称为转换开关,与开启式负荷开关一样,同属于手动电器,可作为电源引入开关,或用于 5.5 kW 以下电动机的直接启动、停止、反转和调速等。其优点是体积小、寿命长、结构简单、操作方便。组合开关多用于机床控制电路,其额定电压为 380 V,额定电流有 6 A、10 A、15 A、25 A、60 A、100 A 等。

2. 低压断路器

低压断路器又称自动空气开关,它既能带负荷通断电路,又能在失电压、短路和过载时自动跳闸,保护电路和电气设备,是低压配电网和电力拖动系统中常用的开关电器。

低压断路器按结构形式可分为万能式(又称框架式)、塑料外壳式(又称模压外壳式)两大类。万能式断路器主要用作配点网络的保护开关,而塑料外壳式断路器除用作配点网络的保护开关外,还可以用作电动机、照明电路的控制开关。

低压断路器由触点系统、各种脱扣器、自由脱扣机构和操作机构等部分组成。触点系统是断路器的执行元件,用来接通和分断电路,主触点上装有灭弧装置;各种脱扣器是断路器的感受元件,当电路出现故障时,脱扣器感测到故障信号后,经自由脱扣机构使断路器主触点断开,从而起到保护作用;自由脱扣机构是用来联系操作机构和主触点的机构;操作机构是实现闭合、断开的机构,通常电力拖动控制系统中的断路器是手动操作机构。

3. 熔断器

熔断器是低压电路和电动机控制电路中简单常用的短路保护电器。它的主要工作部分是熔体，串联在被保护电器或电路的前端，当电路或设备短路时，大电流将熔体溶化，分断电路，从而起到保护作用。熔体的材料有两种，在小容量电路中，多用分断力不高的低熔点材料，如铅锡合金、铅等；在大容量电路中，多用分断力高的高熔点材料，如铜、银等。

熔断器的种类很多，常用熔断器有插入式、螺旋式、无填料封闭管式、有填料封闭管式等。熔断器可用于保护照明电路及其他非电感用电设备、单台电动机、多台电动机、配电变压器低压侧等。

4. 接触器

接触器主要用于控制电动机、电热设备、电焊机、电容器等，能频繁地接通或断开交直流主电路，实现远距离自动控制。它具有低电压释放保护功能，在电力拖动自动控制电路中被广泛应用。

5. 常用继电器

继电器是一种小型信号控制电器，它利用电流、时间、速度、温度等信号来接通和分断小电流电路，广泛应用于电动机或电路的保护及各种生产机械的自动控制。由于继电器容量小，一般不用于控制主电路，而是通过接触器和其他开关设备对主电路进行控制，因此继电器载流容量小，不需要灭弧装置。常用的继电器有热继电器、中间继电器、时间继电器、速度继电器等。

1）热继电器

热继电器主要用于电动机的过载保护。电动机在工作时，当负载过大、电压过低或发生一相短路故障时，电动机的电流增大，其值往往会超过额定电流。如果超过额定电流不多，电路中熔断器的熔体不会熔断，但时间长了会影响电动机的寿命，甚至烧毁电动机，因此需要有过载保护。

热继电器可以作为过载保护但不能作为短路保护，因为其双金属片从升温到变形断开动断（常闭）触点有一个过程，不能在短路瞬间迅速分断电路。

2）中间继电器

中间继电器是常用的继电器之一，它的结构和接触器的基本相同。中间继电器实质上是一种电压继电器，它是根据输入电压的有或无而动作的，一般触点对数多，触点额定电流为 5～10 A。中间继电器体积小，动作灵敏度高，一般不用于直接控制电路的负载，但当电路的负载电流在 10 A 以下时，也可代替接触器起控制负载的作用。

常用的中间继电器型号有 JZ7、JZ14 等。

选用中间继电器时，应综合考虑被控制电路的电压等级、所需触点对数、种类和容量等。

3）时间继电器

时间继电器是利用电磁原理或机械动作原理实现触点延时闭合或延时断开的自动控制电器。其种类较多，有空气阻尼式、电动式及晶体管式等。

空气阻尼式时间继电器又称气囊式时间继电器,主要由电磁机构、工作触点、气室和传动机构等四部分组成。

空气阻尼式时间继电器有通电延时和断电延时两种类型。

通电延时型时间继电器的工作原理:当线圈通电后,衔铁和铁芯吸合,瞬时触点瞬时动作,延时触点经过一定的延时后,使其动断(常闭)触点断开,动合(常开)触点闭合,起到通电延时作用。当线圈断点时,电磁吸力消失,瞬时触点和延时触点迅速复位,无延时。

断电延时型时间继电器的工作原理:当线圈通电后,衔铁和铁芯吸合,瞬时触点和延时触点瞬时动作。当线圈断电时,电磁吸力消失,瞬时触点立即复位,延时触点延时复位,起到断电延时作用。

4) 速度继电器

速度继电器又称为反接制动继电器。它的作用是对电动机实行反接制动控制,被广泛运用于机床控制电路中。常用速度继电器有 JY1 和 JFZ0 两个系列。

JY1 型速度继电器可在 700~3 600 r/min 范围工作;JFZ0‐1 型速度继电器适用于 300~1 000 r/min,JFZ0‐2 型适用于 1 000~3 000 r/min。

速度继电器一般都具有两对转换触点,一对用于正转时动作,另一对用于反转时动作。触点额定电压为 380 V,额定电流为 2 A。通常速度继电器动作转速为 120 r/min,复位转速在 100 r/min 以下。

6. 主令电器

主令电器是指在电气自动控制系统中用来发出信号指令的电器。它通过信号指令将控制继电器、接触器和其他电器的动作,接通和分断被控制电路,以实现对电动机和其他生产机械的远距离控制。目前在生产中用得较为广泛而结构比较简单的主令电器有按钮和位置开关两种。

1) 按钮

按钮是一种手动控制电器。它只能短时接通或分断 5 A 以下的小电流电路,以指令性的电信号去控制其他电器动作。由于按钮载流量小,因此不能直接用它控制主电路的通断。

按钮主要由按钮帽、复位弹簧、触点、接线桩及外壳等组成。其种类很多,常用的有 LA2、LA18、LA19 及 LA20 等系列。

按钮的选用应根据使用场合、被控制电路所需触点数目及按钮帽的颜色等方面综合考虑。使用前,应检查按钮帽弹性是否正常,动作是否自如,触点接触是否良好、可靠。由于按钮触点之间距离较小,因此当有油污或其他脏物时容易造成短路,平时应注意保持触点及导电部位的清洁。

2) 位置开关

位置开关的作用与按钮相同,只是其触点的动作不是靠手动操作,而是利用生产机械某些运动部件上的挡铁碰撞其滚轮或操作杆,使触点动作来实现接通或分断电路。

位置开关有两种类型:直动式(按钮式)和滚轮式。

位置开关应根据被控制电路的特点、要求及生产现场条件和触点数量等因素选用。

知识点 2 常用机床电气电路

1. 如何阅读机床电气原理图

掌握阅读机床电气原理图的方法和技巧,对于分析电气电路、排除机床电路故障是十分必要的。机床电气原理图一般由主电路、控制电路、照明电路、指示电路等几部分组成。

(1) 主电路的分析。阅读主电路时,关键是先了解主电路中有哪些用电设备,它们所起的作用是什么,由哪些电器来控制,采取哪些保护措施。

(2) 控制电路的分析。阅读控制电路时,根据主电路中接触器的主触点编号,快速找到相应的线圈以及控制电路,依次分析出电路的控制功能。从简单到复杂,从局部到整体,最后综合起来分析,就可以全面读懂控制电路。

(3) 照明电路的分析。阅读照明电路时,查看变压器的电压比及照明灯的额定电压。

(4) 指示电路的分析。阅读指示电路时,了解这部分的内容,重要的一点是:当电路正常工作时,该电路是机床正常工作状态的指示;当机床出现故障时,该电路是机床故障信息反馈的依据。

2. 机床电气电路故障的检查步骤

1) 修理前的调查研究

(1) 问:询问机床操作人员故障发生前后的情况,有利于根据电气设备的工作原理来判断发生故障的部位,分析出故障的原因。

(2) 看:观察熔断器内的熔体是否熔断;其他电气元器件是否有烧毁、发热、断线情况;导线连接螺钉是否松动;触点是否氧化、积尘等。要特别注意高电压、大电流的地方,活动机会多的部位,容易受潮的接插件等。

(3) 听:电动机、变压器、接触器等,正常运行的声音和发生故障时的声音是有区别的。听声音是否正常,可以帮助寻找故障的范围、部位。

(4) 摸:电动机、电磁线圈、变压器等故障时,温度会显著上升,可切断电源后用手去触摸、判断元器件是否正常。

要特别注意:不论电路通电还是断电,都不能用手直接去触摸金属触点!必须借助仪表来测量。

2) 从机床电气原理图进行分析

首先熟悉机床的电气电路,再结合故障现象,对电路工作原理进行分析,便可以迅速判断出有可能发生故障的范围。

3) 检查方法

根据故障现象分析,先弄清是属于主电路的故障还是控制电路的故障,是属于电动机的故障还是控制设备的故障。故障确认后,应该进一步检查电动机或控制设备。必要时可采用替代法,即用好的电动机或用电设备替代故障设备。属于控制电路的,应该先进行一般的外观检查,检查控制电路的相关电气元器件。如接触器、继电器、熔断器等有无裂痕、烧痕、接线脱落、熔体熔断等现象,同时用万用表检查线圈有无断线、烧毁,触点是否熔焊。

外观检查找不到故障时,将电动机从电路中卸下,对电路逐步进行检查。可以进行通电吸合试验,观察机床电气元器件是否按要求顺序动作。若发现某部分动作有问题,就在该部分找故障点,逐步缩小故障范围,直到排除全部故障为止,不能留下隐患。

有些电气元器件的动作是由机械配合或靠液压推动的,应会同机修人员进行检查处理。

4)无电气原理图时的检查方法

首先,查清不动作的电动机的工作电路。在不通电的情况下,以该电动机的接线盒为起点开始查找,顺着电源线找到相应的控制接触器。然后,以此接触器为核心,一路从主触点开始,继续查到三相电源,查清主电路;一路从接触器线圈的两个接线端子开始向外延伸,弄清电路的来龙去脉。必要的时候,边查找边画出草图。若需要拆卸,则要记录拆卸的顺序、电器的结构等,再采取排除故障的措施。

5)检修机床电气电路故障时应注意的问题

(1)检修前应将机床清理干净。

(2)将机床电源断开。

(3)若电动机不能转动,要从电动机有无通电、控制电动机的接触器是否吸合入手,绝不能直接拆修电动机。通电检查时,一定要先排除短路故障,在确认无短路故障后方可通电,否则会造成更大的事故。

(4)当需要更换熔断器的熔体时,新熔体必须要与原熔体型号相同,不得随意扩大容量,以免造成意外的事故或留下更大的后患。熔体的熔断,说明电路存在较大的冲击电流,如短路、严重过载、电压波动很大等。

(5)热继电器的烧毁,也要求先查明过载原因,否则故障还会重现。修复后一定要按技术要求重新整定保护值,并要进行可靠性试验,以避免失控。

(6)用万用表电阻档测量触点、导线通断时,量程置于 R×1 档。

(7)如果要用绝缘电阻表检测电路的绝缘电阻,则应先断开被测支路与其他支路的联系,避免影响测量结果。

(8)在拆卸元器件及端子连线时,一定要仔细观察,理清控制电路,千万不能蛮干。要及时做好记录、标号,以便复原,避免在安装时发生错误。螺钉、垫片等放在盒子里,被拆下的线头要做好绝缘包扎,以免造成人为事故。

(9)试车前先检测电路是否存在短路现象。在正常的情况下进行试车,应注意人身及设备安全。

(10)机床故障排除后,一切要恢复到原来的样子。

知识点3 电气设备施工设计的内容和设计步骤

电气设备施工设计的有关内容和设计步骤包括电气设备的总体布置,绘制电气控制装置的电器布置图、电气控制装置的电器接线图、电气设备的内部接线图和外部接线图。

电气控制系统在完成电气控制电路设计、电气元器件选择后,就应该进行电气设备的施工设计。电气设备施工设计的依据是电气原理图和所选定的电气元器件明细表。

1. 设备总体布置

在进行电气设备的总体布置时,按照国标规定,首先要根据设备电气原理图和设备控制操作要求,决定采用哪些电气控制装置,如控制柜、操纵台或悬挂操纵箱等;然后确定设备电气装置的安放位置,尽可能把电气设备组装在一起,使其成为一台或几台控制装置。只有那些必须安装在特定位置的部件,如按钮、手动控制开关、位置开关、离合器、电动机等,才允许分散安装在设备的各处。

所有电气设备可以近距离安放,以便于检测、识别和更换。

电气设备总体布置的原则如下:

(1) 功能类似的元器件尽量组合在一起,用于操作的各类按钮、开关键盘和指示检测调节等元器件集中为控制面板组件;各种继电器、接触器、熔断器、照明变压器等控制电器集中为电气板组件;各类控制电源及整流滤波器集中为电源组件。

(2) 尽可能减少组件之间的连线数量,接线关系密切的控制电器置于同一组件中,强弱电控制器尽量分离,以减少相互干扰。

(3) 力求整齐美观:外形尺寸、重量相近的电器组合在一起。电器在电气柜体内要做到布局合理和美观,柜体不能做得太大或太小。

(4) 电器在电气柜内的安装要便于检修:为便于检查与调试,将需要经常调节、维护和易损元器件组合在一起,置于电气柜中容易触及的位置。

2. 设计电气柜

绘制电气控制装置的电器布置图时,电源开关尽量安装在电气柜内右上方,其操作手柄应装在电气柜前面或侧面。电源开关上方尽量不安装其他电器,否则应把电源开关用绝缘材料盖住,以防电击。除了人工控制开关、信号和测量部件外,电气柜的门上不得安装任何元器件。

由电源电压直接供电的电器尽量装在一起,从而与控制电压供电的电器分开。

一般可通过实物排列来进行电器柜的设计。操纵台及悬挂操纵箱则可采用标准结构设计,也可根据要求选择,或适当进行补充加工或单独自行设计。

3. 绘制接线图

根据电气原理图与电器布置图,可进一步绘制电器接线图。

接线图的接线关系有两种画法:一是直接接线法,即直接画出两元器件之间的接线。它适用于电气系统简单、元器件少、接线关系简单的场合。二是符号标准接线法,即仅在元器件接线处标注符号,以表明相互连接的关系。它适用于电气系统复杂、元器件多、接线关系较为复杂的场合。

4. 标注接线关系

设备内部接线图应标明分线盒进线与出线的接线关系。接线柱排上的线号应标清,以便配线施工；设备外部接线图表示设备外部的电动机或元器件的接线关系，它主要供用户单位安装配线用，应根据电气设备的实际相应位置绘制，其要求与设备内部接线图相同。

知识点 4　电气控制系统图的识读

电气控制系统是许多电气元器件按一定要求连接而成的。为了表达生产机械电气控制系统的结构原理等设计意图，同时也为了便于电气系统的安装、调试、使用和维修，需要将电气控制系统中各电气元器件相连接，用一定的图形表达出来，这种图就是电气控制系统图。

电气控制系统图一般有三种：电路图、电气元器件布置图、电气安装接线图。在图上用不同的图形符号表示各种电气元器件，用不同的文字符号表示设备及电气功能、状况和特征。

国家标准化管理委员会参照国际电工委员会（IEC）颁布的有关文件，制定了我国电气设备的有关国家标准：

GB/T 4728.1～12——2018《电气简图用图形符号》；

GB 5226.1——2008《机械电气安全机械电气设备　第 1 部分：通用技术条件》；

GB/T 7159——1987《电气技术中的文字符号制定通则》；

GB/T 6988.1——2008《电气技术用文件的编制　第 1 部分：规则》；

GB/T 5094.1～2——2018《工业系统、装置于设备以及工业产品结构原则与参照代号》。

1. 电路符号

电路符号有图形符号、文字符号、回路标号等。

图形符号通常用于图样或其他文件中，用以表示一个设备或概念的图形标记或字符。电气控制系统图中的图形符号必须按国家标准绘制。

文字符号适用于电气技术领域中技术文件的编制，用于标明电气设备、装置和元器件的名称及电路的功能、状态和特征。

主电路各节点的标记：三相交流电源引入线采用 L1、L2、L3 标记。电源开关之后的三相交流电源主电路，分别按 U、V、W 顺序标记。分级三相交流电源主电路采用三相文字代号，U、V、W 的前边加上阿拉伯数字 1、2、3 等来标记。

各电动机分支电路各节点标记采用三相文字代号后面加数字来表示，电动机绕组首端，分别用 U1、V1、W1 标记，尾端分别用 U2、V2、W2 标记。

控制电路采用阿拉伯数字编号，一般由三位或三位以下的数字组成。标注方法按等电位原则进行，在垂直绘制的电路图中，标号顺序一般由上而下编号，凡是被线圈、绕组、触点或电阻、电容等元器件所间隔的线段，都应标以不同的电路标号。

2. 电路图

电路图用于表达电路、设备电气控制系统的组成部分和连接关系。通过电路图可详细地了解电路、设备电气控制系统的组成和工作原理，并可为测试和寻找故障时提供足够的信息,同时电路图也是编制接线图的重要依据,习惯上电路图也称作电气原理图。

电气原理图是根据电路工作原理绘制的。在绘制电气原理图时,一般应遵循下列规则:

(1)电器原理图按所规定的图形符号、文字符号和回路标号进行绘制。

(2)动力电路的电源电路一般绘制成水平线,受电的动力装置、电动机主电路用垂直线绘制在图面的左侧,控制电路用垂直线绘制在图面的右侧,主电路与控制电路应分开绘制。各电路元器件采用平行展开画法,但同一电器的各元器件采用同一文字符号标明。

(3)电气原理图中所有电路元器件的触点状态,均按没有受外力作用时或未通电时的原始状态绘制。对于接触器和电磁式继电器的触点是按电磁线圈未通电时的状态画出的;对于按钮和位置开关的触点是按不受外力作用时的状态画出的。当触点的图形符号垂直放置时,以"左开右闭"的原则绘制,即垂线左侧的触点为动合(常开)触点,垂线右侧的触点为动断(常闭)触点;当触点的图形符号水平放置时,以"上闭下开"的原则绘制,即水平线上方的触点为动断(常闭)触点,水平线下方的触点为动合(常开)触点。

(4)在电气原理图中,导线的交叉连接点均用小圆圈或黑圆点表示。

(5)在电气原理图上方将图分成若干图区,并标明该区电路的用途与作用;在继电器、接触器线圈下方列有触点表,以说明线圈和触点的从属关系。

(6)电气原理图的全部电动机、元器件的型号、文字符号、用途、数量、额定技术数据均应填写在元器件明细表中。

3. 电气元器件布置图

电气元器件布置图详细绘制出电气设备零件安装位置。图中各电器代号应与有关电路图和电器清单上所有元器件代号相同。在图中往往留有10%以上的备用面积及导线管(槽)的位置,以供改进设计时用。图中无须标注尺寸。

图1-1是CW6132型车床电气元器件布置图。图中,FU1~FU4为熔断器,KM为接触器,FR为热继电器,TC为变压器,XT为接线端子板。

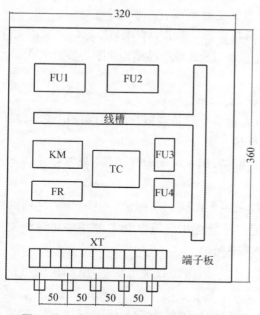

图1-1   CW6132型车床电气元器件布置

4. 电气安装接线图

用规定的图形符号,按各电气元器件相对位置绘制的实际接线图称为电气安装接线图。电气安装接线图是实际接线安装的依据和准则。它清楚地表示了各电气元器件的相对位置和它们之间的电气连接,所以电气安装接线图不仅要把同一个电器的各个部件画在一起,而且各个部件的布置要尽可能符合这个电器的实际情况,但对尺寸和比例没有严格要求。各电气元器件的图形符号、文字符号和回路标记均应以原理图为准并保持一致,以便查对。

不在同一控制箱内和不是同一块配电屏上的各电气元器件之间的导线连接,必须通过接线端子进行,同一控制箱内各电气元器件之间的接线可以直接相连。

在电气安装接线图中,分支导线应在各电气元器件接线端上引出,而不允许在导线两端以外的地方连接,且接线端上只允许引出两根导线。电气安装接线图上所表示的电气连接一般不表示实际走线途径,施工时由操作者根据经验选择最佳走线方式。

安装接线图上应该详细地标明导线及所穿管子的型号、规格等。电气安装接线图要求准确清晰,便于后期施工和维护。

任务一　电动机正反转控制系统安装

一、学习情景设计

情境描述	根据描述的正反转控制系统的控制要求、功能、现象进行控制分析,能够按照电气系统图纸安装、调试三相异步电动机正反转控制系统,并对其进行演示。
学习时间	24 学时
学习任务	查阅资料,学习掌握正反转系统中关键控制元件的使用;理解掌握电动机正反转控制系统的原理和工作过程,了解正反转在机床、生产设备系统中的作用;确定所需材料及工具,并编写电动机正反转控制系统安装的计划;按照计划实施任务;完成工作过程的检查、评价;总结学习过程中遇到的问题及解决方案。
能力目标	● 能够接受工作任务,合理搜集并整理电动机正反转控制系统知识信息; ● 能够进行小组合作,制订小组工作计划; ● 能够制订电动机正反转控制系统安装工作计划; ● 能够自主学习,与同伴进行技术交流,处理工作过程中的矛盾与冲突; ● 能够培养分析问题、解决问题的能力; ● 能够考虑安全与环保因素,遵守工位 5S 与安全规范。

二、行动过程设计

工作(学习)行动过程		专 业 能 力		个 人 能 力	
		专业知识	实践技能	社会能力	自我能力
1.信息	1.1 查阅资料,学习掌握正反转系统中关键控制元件的使用,并对交流接触器的使用进行分析,全面学习掌握元件的学习方法	元件的规格、控制能力及安装要求	信息查询及整理策略;触电急救;思维导图等	技术沟通与交流	自主学习
	1.2 向老师咨询,学习正反转控制系统的原理和工作过程,并了解正反转在机床、生产设备系统中的作用	正反转控制原理;电动机正反转		沟通与交流	理解、分析能力
	1.3 获取安装控制系统需要的工具、量具等,并获取安装接线的技术标准	工业标准			独立工作
	1.4 掌握安装设备系统对工位的需求、布局以及安全和环境要求	技术系统生产知识;生产安全、材料节约、环境保护			独立工作

（续表）

工作(学习)行动过程		专 业 能 力		个 人 能 力	
		专业知识	实践技能	社会能力	自我能力
2. 计划	2.1 学习企业生产控制系统流程,编制正反转控制系统安装的工序过程,并相互检验	系统安装工艺工序	编制操作加工工序	团队意识沟通能力	表达、理解能力
	2.2 选择安装导线,掌握根据电流获取导线规格的方法	电流计算;导线选择		学习能力	自主学习
	2.3 制定安装设备的工具、量具清单,并合理布置在操作岗位上	万用表的使用	熟悉万用表的使用和应用		自主学习
	2.4 了解企业生产环境,制定操作安全规程、环境保护原则,并了解企业生产中安全问题的处理措施	操作规程、技术标准		环境保护、安全责任	节能环保意识
	2.5 根据要求,制订一份实施计划,明确操作时间和基本措施		制订工作计划	计划性、严谨性	严谨
3. 准备	3.1 根据技术标准,审查工作技术准备,并由教师权威判断	技术应用		技术交流、分析判断	表达、理解能力
	3.2 根据生产标准,对操作现场进行确认,使得工具、量具摆放科学;现场符合安全和环保要求	系统加工生产知识		安全、规范、环境保护	规范、环保意识
4. 实施	4.1 工位准备,摆放加工需要的工具、设备等		生产工位设置	5S	规范意识
	4.2 加工导线,并合理摆放,有利于操作		导线处理		规范意识
	4.3 按工序要求和工作计划操作实施,安装并调试正反转控制系统	技术标准的应用	使用工具,按标准安装控制系统		时间管理
	4.4 对调试遇到的问题进行分析判断,提高工艺水平和安装质量,保证实施高标准		设备故障检测	质量意识	分析问题能力
5. 测评	5.1 互相检查,在技术标准、质量和岗位操作等方面给予对方合理的意见	技术应用综合	技术交流	分析、评价	检查能力
	5.2 检查工作计划,了解计划的科学性、合理性,对计划和实践不统一的程序进行评价、总结		计划检查	评价、评估	自检能力

（续表）

工作(学习)行动过程		专 业 能 力		个 人 能 力	
		专业知识	实践技能	社会能力	自我能力
5.测评	5.3 师生交流,从企业生产和技术标准等角度,教师给予权威评价		技术交流		
	5.4 进行总结,并记录在工作页,提高总结能力,对学习过程中遇到的问题及解决方案进行总结		技术总结		总结能力

三、考核方案设计

通过现场观察、技术对话、查看学生工作页及学生工作质量检测等手段进行成绩考核,成绩比例如下表：

操作效能	知识应用	操作规范	技术对话	产品质量	总　计
20%	20%	20%	10%	30%	100%

四、学习条件建议

工具：电工套装,1 套/人；

量具：万用表,1 台/人；

元件：根据正反转系统配备元件；

工作台：系统装配工作台,配备控制柜和电动机；

耗材：若干类型导线；

设备：计算机,1 台/5 人、打印机 1 台、投影机 1 台。

五、学生学习工作页设计

学习领域一　电气控制技术		学习阶段：
任务一　电动机正反转控制系统安装		学习时间：
姓名：	班级：	学号：
小组名：	组内角色：	其他成员：

任务描述：根据描述的正反转控制系统的控制要求、功能、现象进行控制分析,能够按照电气系统图纸安装、调试三相异步电动机正反转控制系统,并进行演示。

控制要求：按下按钮 SB2,电动机正向转动；此时按下 SB3,电动机反向转动；当按下停止按钮 SB1,电动机停止转动。

控制功能：该功能用于设备往返传动状态,在实践中起重行车、电梯、铣床以及钻床等设备均应用了正反转控制功能。

控制图纸(见图 1-2):

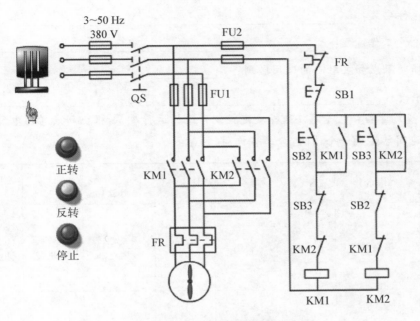

图 1-2 电动机正反转控制线路

1. 信息

1.1 独立学习任务:针对下面电气元件的图形(见图 1-3、图 1-4),回答问题。

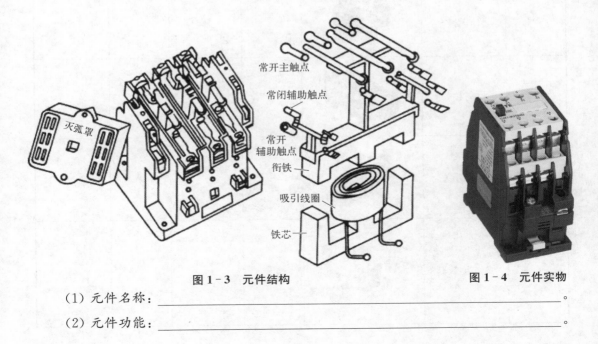

图 1-3 元件结构　　　　　**图 1-4 元件实物**

(1) 元件名称:_____。

(2) 元件功能:_____。

（3）元件符号：_____。

（4）生产厂商描述：_____。

（5）元件安装：_____。

（6）元件工作过程：_____。

（7）辅助触点和主触点的选用区别：_____。

（8）单价：_____。

1.2 查询学习：电气元件选择决定控制系统的运行质量，根据列表学习电气元器件，可以和周边同学组成一个团队，分工咨询、探讨学习。

序　号	元件名称	图　　形	符　号	主要技术参数查询	工　艺	案　例
1	熔断器		FU	额定电流额定电压	螺旋式帽状型	机床，各类供电系统中
2	断路器					
3	转换开关					
4	控制按钮					
5	行程开关					
6	交流接触器					

（续表）

序　号	元件名称	图　形	符　号	主要技术参数查询	工　艺	案　例
7	热继电器					
8	时间继电器					
9	中间继电器					
10	速度继电器					
11	变压器					
12	其他					

　　1.3　独立查询任务：我国工业生产使用的交流接触器额定电压为 220 V、380 V、660 V 等，是指＿＿＿＿＿＿＿＿＿＿＿＿＿＿ 长期工作承受的最大电压；CJ12 系列交流接触器，CJ12-400 型额定电压＿＿＿＿＿＿，额定电流＿＿＿＿＿＿，线圈功率＿＿＿＿＿＿。

　　1.4　独立操作任务：分析接触器使用的控制电路，并按过程实施测试。

　　行动步骤 1：

　　列出元器件、设备清单，并从仓库领取。

序　号	名称、符号	技　术　指　标	备　注
1			
2			
3			

(续表)

序 号	名称、符号	技 术 指 标	备 注
4			
5			
6			
7			

行动步骤2：

万用表、电工工具1套。

行动步骤3：

参照电气系统安装布局要求，绘制安装布局图，决策后在控制面板上安装元件。

行动步骤4：

按标准选择导线，实施电气连接。

行动步骤5：

按电气安装标准实施检测，并记录在下表中：

内 容	标 准	检 查 结 果
元件布局	布局合理，紧密元件放在一起	
导线连接	长度适宜，不交叉，导线头处理得当，接线牢固	
工作现场	工具摆放规范，有利于操作；垃圾处理得当，分类清楚	
工作效能	工作效率高，准确度好，精力专注	

行动步骤6：

分析接触器工作过程，按下____按钮，灯亮；按下____按钮，灯灭。体验交流接触器的自锁控制。

思考：如果这只灯需要安全电压供电，该如何处理？

_____

_____

_____

2. 计划

根据三相异步电动机正反转控制电气原理图（见图1-5），选择要用的设施设备、元件等，并在教师的指导下完成工作计划和工序卡，安装、调试正反转控制电路。

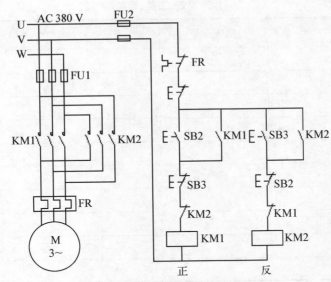

图 1 - 5   电动机正反转控制线路

工作过程分析：

按下按钮 SB2，交流接触器____得电，主触点闭合，电动机正转；按下按钮 SB3，交流接触器____得电，主触点闭合，电动机开始反转；同时，由于____交流接触器 KM1 失电，正转停止。

查阅资料，自主分析从反转到正转的过程，并举例说明正反转的工作应用。

2.1   独立查询工作：查询手册和工序样本，制订电机正反转控制电气子系统安装工作计划，并模仿制订工序卡，将工序卡打印成文。

_____

_____

_____

_____

_____

_____

_____

_____

_____

_____

2.2   独立查询工作：完成系统安装、调试，列出需要的设备、工具和量具。

生产设备、工具、量具

序 号	名 称	型 号	数 量	用 途	备 注

2.3　独立技术判断：进行电气连接用的导线(见图 1-6)，如何选择？

图 1-6　导　线

案例：电动机功率 15 kW，主电路电源线选择依据：
计算电流：
选择依据：

2.4　独立思考：根据生产要求，安装控制柜(控制系统)适合的生产环境如何建设？请根据你的调查，设计你需要的生产环境，并结合学校提供的场所改善实训环境。

2.5 独立学习：查询电气控制柜安装接线的国际标准，组织一次研讨会，对控制系统安装规范进行信息总结。

组员：	
主题：	时间：
成果描述	

2.6 研讨学习：根据控制柜或控制板，设计正反转控制系统的元器件安装布局图，并绘制电气连接的布线示意图。

2.7 根据布线示意图，对连接导线进行标号，计算每号导线的数量、类别。

线　号	类别（相线、零线、控制线）	数　量
1		
2		
3		
4		
5		
6		

（续表）

线　号	类别（相线、零线、控制线）	数　量
7		
8		

3. 准备

3.1　独立学习任务：安装正反转控制系统前，进行关键工艺技术方面的检查，按以下要点执行：

序　号	决　策　点	请　决　策	
1	工序是否完整、科学	是○	否○
2	工位整理	是○	否○
3	工具准备	是○	否○
4	仪器准备	是○	否○
5	材料，如导线	是○	否○
6	元件清查	是○	否○
7	场室使用要求是否清楚	是○	否○
8	劳动保护是否达要求	是○	否○

3.2　和他人合作，互相检查：检查他人工作的计划，并记录。

序　号	决　策　点	请　决　策	
1	工序是否完整、科学	是○	否○
2	工位整理	是○	否○
3	工具准备	是○	否○
4	仪器准备	是○	否○
5	材料，如导线	是○	否○
6	元件清查	是○	否○
7	场室使用要求是否清楚	是○	否○
8	劳动保护是否达要求	是○	否○

3.3　独立学习任务：与教师制定的工作方案对比,进行分析。

_____

_____

_____

_____

4. 计划实施

4.1　独立实践任务：按工艺工序计划实施控制系统安装与调试。

行动步骤	事　　项	用　　时	计划用时
1	安装好元器件。在控制面板上选择按钮,并做好标识		
2	根据标识线号和元件布局,确认导线的长度尺寸后进行导线选取、加工		
3	导线连接。按既定的标准进行电气连接,并在每个接线点套上线号管		
4	连接一台电动机。端子排连接牢固		
5	利用万用表实施常规检查。短路检查并对关键技术点进行检查		
6	通电试车,调试正反转功能		
7	工位整理		

4.2　独立生产任务：选用万用表对系统进行常规检查(见图1-7、图1-8)。

图1-7　数字万用表

图1-8　指针式万用表

(1) 选用数字万用表常规检查,应使用_____档;使用指针万用表常规检查,应使用_____档。

（2）在下表中记录常规检查的要点和结果。

步 骤	检 查 关 键 点	测 量 方 式	结果处理
1	例：测量三相线是否短路		
2			
3			

4.3 独立学习任务：分析在通电调试中，如果按下 SB3 按钮，电动机未能反转，可能的原因是什么？该如何检查？

_____

_____

_____

_____

5．测评

5.1 独立检查工作：将技术的执行标准和过程自我检查，记录在下表，并分析原因，制定整改措施。

情境：正反转控制电路安装与调试			时间：		
序号	技术要求	技 术 标 准	配分	评分	整改措施
1	布 线	平直，不交叉，不跨接	10		
2	元器件安装	同类型元件处理，紧凑	10		
3	操作安全	穿劳动服装，始终注重用电安全	20		
4	连 线	牢固，线头处理正确，接线正确	20		
5	工位整理	工具摆放，垃圾处理	15		
6	过程管理	过程中能够体现规范操作的标准	15		
7	通电测试	通电测试顺利，或虽未通过，但能快速判断出问题并解决	10		
	总 分		100		

5.2　独立学习任务：检查自己的工作计划，判断完成的情况。

检查项目	检查结果			完善点	其他
工时执行					
5S执行					
质量成果					
学习投入					
获取知识					
技能水平					
安全、环保					
设备使用					
突发事件					

5.3　团队合作工作：向其他同学介绍自己的总结，描述收获、问题和改进措施。对一些工作不完善的地方，征求意见。

_____

_____

_____

_____

_____

5.4　独立工作任务：给自己提出明确的意见，并记录他人给自己的意见，完成后续的工作。

_____

_____

_____

_____

6. 学生成果质量检测卡

姓名：		学号：	
专业：		时间：	年　月　日
设备：		评分：	

6.1 电动机正反转控制线路图(见图1-9)

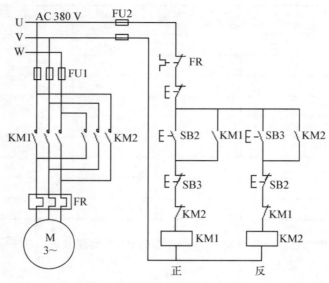

图 1-9 电动机正反转控制线路

6.2 质量测量

序号	尺寸或精度	标　准	测 量 结 果
1	元件布局	上下、左右合理	
2	导线接入	美观、准确	
3	线头	牢固	
4	压线	准确选用压线管	
5	线号	识读清楚	
6	接地	准确、牢固	
7	线槽	美观、合理	
8	导线连接	牢固、标准	
9	通电测试	成功率、判断	
	其他		

6.3 问题交流——根据结果和问题交流情况给予评测

如果按下启动按钮SB2,电动机未启动,有可能是什么原因? 应该如何检查?

7. 工作考核表

说明:该表用于任务完成以后,教师依据学生工作过程、工作成果和技术对话,给学生一个该任务的综合成绩。

考核内容	考 核 指 标	比 重	评价结果
1. 操作效能 (比重：20%)	(1) 制订计划,并有效执行		
	(2) 能够调整工作过程,并顺利工作		
	(3) 按时完成学习任务、工作页		
	(4) 在规定的时间内完成各项操作工艺过程		
2. 操作规范 (比重：20%)	(5) 按照制定的工艺流程安装操作		
	(6) 工位使用后能够按规定整理复位		
	(7) 操作符合生产要求,并且注重操作安全和环保的处理		
	(8) 工具摆放规范,操作程序流畅		
3. 知识应用 (比重：20%)	(9) 工作过程中遇到关键问题,能够通过查阅资料等手段获取解决办法		
	(10) 准确分析工作原理,并能正确表达工作过程		
	(11) 对未掌握的新技术能够主动获取,并提出观点、看法		
	(12) 愿意和他人讨论问题,并积极转化为工作行动		
4. 技术对话 (比重：10%)	(13) 通过对话,学生掌握了关键技术,并且能够向他人表达自己的判断		
	(14) 能够主动学习,就相关关键性技术问题高效咨询		
5. 产品质量 (比重：30%)	(15) 教师对学生工作成果的关键技术点进行测量或测试,并录在"质量测量卡"上,依据结果考核该项		
		100%	合计：

任务二　电动机顺序启动控制系统安装

一、学习情境设计

情境描述	生产实践中经常要求各种运动部件之间能够按照一定的顺序工作。现在，要求车床主轴转动前油泵先给齿轮箱提供润滑油，即要求保证润滑泵电动机启动后主拖动电动机才允许启动。根据描述的控制要求，分析控制系统，能够按照电气系统图纸安装、调试电动机按时间顺序启动的控制系统，并进行演示。
学习时间	24 学时
学习任务	查阅资料，学习掌握电动机按时间顺序启动的控制系统中关键控制元件的使用；理解掌握电动机按时间顺序启动控制的原理和工作过程，了解电动机顺序启动在机床、生产设备系统中的作用；确定所需材料及工具，并编写电动机按时间顺序启动控制系统安装的计划；按照计划实施任务；完成工作过程的检查、评价；总结学习过程中遇到的问题及解决方案。
能力目标	● 能够接受工作任务，合理搜集并整理电动机按时间顺序启动控制系统相关知识信息； ● 能够进行小组合作，制订小组工作计划； ● 能够制订电动机顺序启动控制系统安装工作计划； ● 能够自主学习，与同伴进行技术交流，处理工作过程中的矛盾与冲突； ● 能够培养分析问题、解决问题的能力； ● 能够考虑安全与环保因素，遵守工位 5S 与安全规范。

二、行动过程设计

		工作(学习)行动过程	专 业 能 力		个 人 能 力	
			专业知识	实践技能	社会能力	自我能力
1. 信息	1.1	查阅资料，学习掌握电动机顺序启动系统中关键控制元件的使用，并对时间继电器的使用进行分析，全面学习掌握元件的学习方法	元件的规格、控制能力及安装要求	信息查询及整理策略；触电急救；思维导图等	技术沟通与交流	自主学习
	1.2	向老师咨询，学习电动机顺序启动控制系统的原理和工作过程，并了解其在机床、生产设备系统中的作用	顺序启动控制原理		沟通与交流	理解、分析能力
	1.3	获取安装控制系统需要的工具、量具等，并获取安装接线的技术标准	工业标准			独立工作
	1.4	掌握安装设备系统对工位的需求、布局以及安全和环境要求	技术系统生产知识；生产安全、材料节约、环境保护			独立工作

（续表）

工作(学习)行动过程			专 业 能 力		个 人 能 力	
			专业知识	实践技能	社会能力	自我能力
2. 计划	2.1	编制电动机按时间顺序启动控制系统安装的工序过程,并相互检验	系统安装工艺工序	编制操作加工工序	团队意识沟通能力	表达、理解能力
	2.2	选择安装导线,掌握根据电流获取导线规格的方法	电流计算、导线选择		学习能力	自主学习
	2.3	制定安装设备的工具、量具清单,并合理布置在操作岗位上	万用表的使用	熟悉万用表的使用和应用		自主学习
	2.4	了解企业生产环境,制定操作安全规程、环境保护原则,并了解企业生产中安全问题的处理措施	操作规程、技术标准		环境保护、安全责任	节能环保意识
	2.5	根据要求,制订一份实施计划,明确操作时间和基本措施		制订工作计划	计划性、严谨性	严谨
3. 准备	3.1	根据技术标准,审查工作技术准备,并由教师检查	技术应用		技术交流、分析判断	表达、理解能力
	3.2	根据生产标准,对操作现场进行确认,使得工具、量具摆放科学;现场符合安全和环保要求	系统加工生产知识		安全、规范、环境保护	规范、环保意识
4. 实施	4.1	工位准备,摆放加工需要的工具、设备等		生产工位设置	5S	规范意识
	4.2	加工导线,并合理摆放,有利于操作		导线处理		规范意识
	4.3	按工序要求和工作计划操作实施,安装并调试顺序启动控制系统	技术标准的应用	使用工具,按标准安装控制系统		时间管理
	4.4	对调试遇到的问题进行分析判断,提高工艺水平和安装质量,保证实施高标准		设备故障检测	质量意识	分析问题能力
5. 测评	5.1	互相检查,在技术标准、质量和岗位操作等方面给予对方合理的意见	技术应用综合	技术交流	分析、评价	检查能力
	5.2	检查工作计划,了解计划的科学性、合理性,对计划和实践不统一的程序进行评价、总结		计划检查	评价、评估	自检能力

(续表)

工作(学习)行动过程		专 业 能 力		个 人 能 力	
		专业知识	实践技能	社会能力	自我能力
5. 测评	5.3 师生交流,从企业生产和技术标准等角度,教师给予评价		技术交流		
	5.4 进行总结,并记录在工作页,提高总结能力,对学习过程中遇到的问题及解决方案进行总结		技术总结		总结能力

三、考核方案设计

通过现场观察、技术对话、查看学生工作页以及学生工作质量检测等手段进行成绩考核,成绩比例如下:

操作效能	知识应用	操作规范	技术对话	产品质量	总　计
30%	10%	20%	10%	30%	100%

四、学习条件建议

工具:电工套装,1 套/人;
量具:万用表,1 台/人;
元件:根据顺序启动系统配备元件;
工作台:系统装配工作台,配备控制柜和电动机;
耗材:若干类型导线;
设备:计算机,1 台/5 人、打印机 1 台、投影机 1 台。

五、学生学习工作页设计

学习领域一　电气控制技术		学习阶段:
任务二　电动机顺序启动控制系统安装		学习时间:
姓名:	班级:	学号:
小组名:	组内角色:	其他成员:

任务描述:根据描述的电动机顺序启动控制系统的控制要求、功能、现象进行控制分析,能够按照电气系统图纸安装、调试两台三相异步电动机按照时间顺序启动的控制系统,并进行演示。

控制要求:电动机 M1 启动 5 秒后,电动机 M2 自动启动。

控制功能:该功能用于运动部件之间有顺序工作要求的控制系统中,在实践中常用于主辅设备之间的控制。

控制图纸如图 1-10 所示。

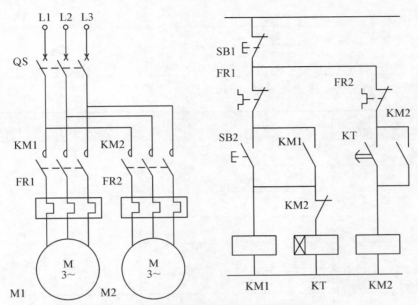

图 1-10　电动机按时间顺序启动控制线路

1. 信息

1.1　独立学习任务：针对图 1-11 电气元件，回答问题。

图 1-11　JSZ3 系列时间继电器

(1) 元件功能：_____。

(2) 元件选型：_____。

(3) 元件型号含义：_____。

(4) 元件适用范围：_____。

(5) 元件工作过程：_____。

(6) 单价：_____。

(7) 时间继电器类型：_____。

(8) 时间继电器的延时方式有两种：

通电延时：_____。

断点延时：_____。

(9) 时间继电器调节时间的方法：

_____

1.2 独立工作任务：点检元器件，并记录。

序 号	名 称	型 号	符 号	数 量	备 注

2. 计划

根据电动机按时间顺序启动控制电气原理(见图1-12)，选择要用的设备、元件等，并在教师的指导下完成工作计划和工序卡，安装、调试顺序启动控制电路。

工作过程分析：

按下按钮SB2，交流接触器_____通电并自锁，主触点闭合，电动机_____启动；同时，_____线圈通电，定时5秒到，时间继电器延时闭合的常开触点_____闭合，接触器_____线圈通电并自锁，电动机_____启动；同时，接触器_____的常闭触点切断了_____的线圈电源。

2.1 独立查询工作：查询手册和工序样本，制订电动机顺序启动控制电气系统安装工作计划，并制定工序卡，将工序卡打印成文。

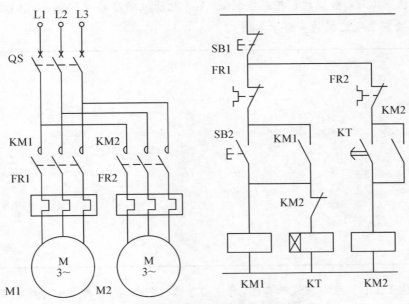

图 1－12　电动机按时间顺序启动控制线路

2.2　独立工作：完成系统安装、调试，列出需要的设备、工具和量具。

生产设备、工具、量具

序 号	名 称	型 号	数 量	用 途	备 注

2.3 独立工作：根据控制柜或控制板，设计电动机顺序启动控制系统的元器件安装布局图，并绘制电气连接的布线示意图。

2.4 独立工作：根据布线示意图，对连接导线进行标号，计算每号导线的数量、类别。

线　号	类别(相线、零线、控制线)	数　　量
1		
2		
3		
4		
5		
6		
7		
8		

3. 准备

3.1 独立学习任务：安装电动机顺序启动控制系统前，需进行关键工艺技术方面的检查，按以下要点执行：

序　号	决　策　点	请　决　策	
1	工序是否完整、科学	是〇	否〇
2	工位整理	是〇	否〇

序　号	决　策　点	请　决　策	
3	工具准备	是○	否○
4	仪器准备	是○	否○
5	材料，如导线	是○	否○
6	元件清查	是○	否○
7	场室使用要求是否清楚	是○	否○
8	劳动保护是否达要求	是○	否○

　　3.2　与他人合作，互相检查：检查他人的工作计划，并记录。

序　号	决　策　点	请　决　策	
1	工序是否完整、科学	是○	否○
2	工位整理	是○	否○
3	工具准备	是○	否○
4	仪器准备	是○	否○
5	材料，如导线	是○	否○
6	元件清查	是○	否○
7	场室使用要求是否清楚	是○	否○
8	劳动保护是否达要求	是○	否○

　　3.3　独立学习任务：与教师制定的工作方案进行对比，并分析。

_____

_____

_____

_____

4. 计划实施

　　4.1　独立实践任务：按工艺工序计划实施控制系统安装与调试。

行动步骤	事　　项	用　时	计划用时
1	安装好元器件。在控制面板上选择按钮，并做好标识		
2	根据标识线号和元件布局，确认导线的长度尺寸后进行导线选取、加工		

(续表)

行动步骤	事　　　　项	用　　时	计划用时
3	导线连接。按既定的标准进行电气连接,并在每个接线点套上线号管		
4	连接电动机。端子排连接牢固		
5	利用万用表,实施常规检查。短路检查、并对关键技术点进行检查		
6	通电试车,调试顺序启动功能		
7	工位整理		

4.2　独立生产任务：选用图 1-13、图 1-14 万用表对系统进行常规检查。

图 1-13　数字万用表

图 1-14　指针式万用表

（1）选用数字万用表常规检查,应使用_____档;使用指针万用表常规检查,应使用_____档。

（2）在下表中记录常规检查的要点和结果。

步　　骤	检　查　关　键　点	测　量　方　式	结果处理
1	例：测量三相线是否短路		
2			
3			

4.3　独立学习任务：分析在通电调试中，如果按下 SB2 按钮，电动机 M1 启动后，M2 未能按时启动，可能的原因是什么？应该如何检查？

_____

_____

_____

5. 测评

5.1　独立检查工作：将技术的执行标准和过程自我检查，记录在下表，并分析原因，制定整改措施。

情境：正反转控制电路安装与调试			时间：		
序号	技术要求	技术标准	配分	评分	整改措施
1	布线	平直，不交叉，不跨接	10		
2	元器件安装	同类型元件处理，紧凑	10		
3	操作安全	穿劳动服装，始终注重用电安全	20		
4	连线	牢固，线头处理正确，接线正确	20		
5	工位整理	工具摆放，垃圾处理	15		
6	过程管理	过程中能够体现规范操作的标准	15		
7	通电测试	通电测试顺利，或虽未通过，但能快速判断出问题并解决	10		
	总分		100		

5.2　独立学习任务：检查自己的工作计划，判断并记录完成的情况以及需要完善的地方。

检查项目	检查结果		完善点	其他
工时执行				
5S 执行				
质量成果				
学习投入				
获取知识				
技能水平				
安全、环保				
设备使用				
突发事件				

5.3 团队合作工作：向其他同学介绍自己的学习总结，描述收获、问题和改进措施。对一些工作不完善的地方征求意见。

_____

_____

_____

5.4 独立工作任务：给自己提出明确的意见，并记录他人给自己的意见，帮助后续的工作进行。

_____

_____

_____

6. 学生成果质量检测卡

姓名：		学号：	
专业：		时间：	年　月　日
设备：		评分：	

6.1 电动机按时间顺序启动控制线路(见图 1-15)

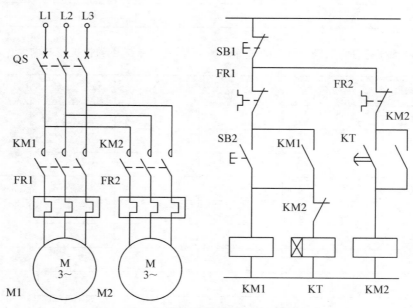

图 1-15 电动机按时间顺序启动控制线路

6.2　质量测量

序号	尺寸或精度	标　准	测量结果
1	元件布局	上下、左右合理	
2	导线接入	美观、准确	
3	线头	牢固	
4	压线	准确选用压线管	
5	线号	识读清楚	
6	接地	准确、牢固	
7	线槽	美观、合理	
8	导线连接	牢固、标准	
9	通电测试	成功率、判断	
	其他		

6.3　问题交流——根据结果和问题交流情况,并给予评测

如果按下 SB2 按钮,电动机 M1 启动后,M2 未能按时启动,可能的原因是什么? 如何检查?

7. 工作考核表

说明:该表用于任务完成后,教师依据学生工作过程、工作成果和技术对话,给学生的一个综合成绩。

考核内容	考核指标	比　重	评价结果
1. 操作效能 (比重:30%)	(1) 制订计划,并有效执行		
	(2) 能够调整工作过程,并顺利工作		
	(3) 按时完成学习任务、工作页		
	(4) 在规定的时间内完成各项操作工艺过程		
2. 操作规范 (比重:10%)	(5) 按照制定的工艺流程安装操作		
	(6) 工位使用后能够按规定整理复位		
	(7) 操作符合生产要求,并且注重操作安全和环保的处理		
	(8) 工具摆放规范,操作程序流畅		
3. 知识应用 (比重:20%)	(9) 工作过程中遇到关键问题,能够通过查阅资料等手段获取解决办法		
	(10) 准确分析工作原理,并能正确表达工作过程		
	(11) 对未掌握的新技术能够主动获取,并提出观点、看法		
	(12) 愿意和他人讨论问题,并积极转化为工作行动		

（续表）

考核内容	考 核 指 标	比 重	评价结果
4. 技术对话 （比重：10%）	（13）通过对话，学生掌握了关键技术，并且能够向他人表达自己的判断；		
	（14）能够主动学习，就相关关键性技术问题高效咨询		
5. 产品质量 （比重：30%）	（15）教师对学生工作成果的关键技术点进行测量或测试，并录在"质量测量卡"上，依据结果考核该项		
		100%	合计：

任务三 M7130 磨床控制系统安装调试

一、学习情境设计

情境描述	根据生产资料,安装 M7130 磨床控制系统,并模拟调试
学习时间	20 学时
学习任务	识读原理图,点检材料,识读工艺文件,整理工位,应用生产标准;安装元件与电气连接;质量检查;处理废料,注重环境保护;安全用电;故障检查;过程评价;工作评估;电磁吸盘应用及电路分析。
能力目标	● 能够对磨床控制进行认识,为设备生产、设备应用调试以及设备维修维护奠定基础; ● 能够根据生产要求,制订实施计划,点检生产现场,安装控制系统,并对存在的问题正确分析、认知; ● 能够准确判断并改正错误; ● 能够自主学习,与他人进行技术交流,处理工作过程中的矛盾与冲突; ● 能够考虑安全与环保因素,遵守工位 5S 与安全规范。

二、行动过程设计

工作(学习)行动过程		专业能力		个人能力	
		专业知识	实践技能	社会能力	自我能力
1.信息	1.1 查阅资料,对设备、零件、工具等进行型号、数据分析	控制系统原理;元件功能基础	信息查询及元件的规格、控制能力及选用标准	学习能力、技术分析能力	自主学习
	1.2 向教师咨询,对新型元件进行应用分析,熟悉技术标准	技术标准及应用	工具的选用	技术沟通与交流	表达、理解能力
2.计划	2.1 制订工作计划,明确操作过程、时间,以及如何保证质量的措施	时间规划和计划表	制订计划	严谨的工作态度	计划性
3.准备	3.1 整理工位,张贴图纸、工艺文件,摆放工具等	生产管理与组织	工位设置	规范、标准	
	3.2 了解工位安全保护措施、5S 标准、操作规范和熟悉企业生产的电气技术标准	生产岗位职责与标准	生产一线管理;5S	规范、标准	安全意识
	3.3 根据布局要求,进行导线的选择、欲加工,并整理好导线,放入待用区	导线材料	使用工具加工导线	生产规划	自主学习

（续表）

工作(学习)行动过程		专 业 能 力		个 人 能 力	
		专业知识	实践技能	社会能力	自我能力
4. 实施	4.1 按安装布局图,熟练使用工具实施元件安装,实现快速安装	电气规范	安装元件技巧;布局合理		
	4.2 电气连接,进一步熟练导线加工和工具使用,对接点进行标准的处理	技术标准应用	电气连接	质量意识	责任感
	4.3 接入负载,通电前整体测试,互相检查,然后通电,力求一次性通电成功	电学基础知识	万用表应用	精益求精	合作沟通
5. 测评	5.1 工作完成后,对工位进行整理,处理好废料、整理好工具等		5S实践和检查		责任感
	5.2 根据产品技术标准,进行成果判断,并根据操作过程、效能等行动进行自评评测,主要是过程评测和技术评测,将结果向教师移交	原理;电气基础;测量流程;生产标准	按生产标准,检测质量并记录	技术交流	技术沟通能力
	5.3 配合教师对他人成果进行科学评价,主要是成果评价,并给出评价结果				
	5.4 制订计划,按计划拆卸系统,整理工位,将工具、量具、元件等设备归位,并向教师移交	电气系统拆卸基本规范和知识	设备拆装	生产环保	环境意识

三、考核方案设计

　　通过现场观察、技术对话、查看学生工作页以及学生工作质量检测等手段进行成绩考核,成绩比例如下:

操作效能	知识应用	操作规范	技术对话	产品质量	总　计
30%	10%	20%	10%	30%	100%

四、学习条件建议

　　设备:安装工作台,1台/人,带工具柜;

　　电工工具套装:1套/人;

　　万用表:1台/人;

　　提供元器件、工艺文件、工具、仪器仪表等相关生产资料;

技术手册：提供相应的技术手册；

现场：工位技术信息张贴处，计划工作台；

打印机：1台。

五、学生学习工作页设计

学习领域一　电气控制技术		学习阶段：
任务三　M7130磨床控制系统安装调试		学习时间：
姓名：	班级：	学号：
小组名：	组内角色：	其他成员：

任务描述：根据生产资料安装 M7130 磨床控制系统，并完成模拟调试。

M7130 磨床电气原理如图 1-16 所示。

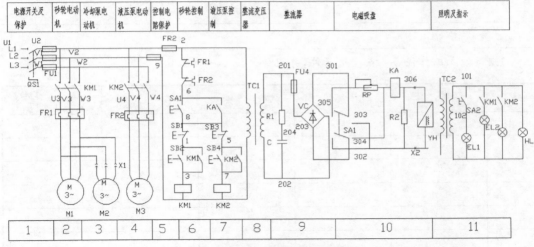

图 1-16　M7130磨床电气原理

1. 信息

1.1　独立学习任务：电磁吸盘是一种运用电磁原理，通过使内部线圈通电产生磁力，经过导磁面板，将接触在面板表面的工件紧紧吸住，通过线圈断电，磁力消失实现退磁，取下工件的原理而生产的一种机床附件产品。

（1）方向开关 SA1 扳至_____；磁盘产生磁力，吸住工件，直流继电器 KA 得电，液压电动机运行，工作台换向移动，工件表面得到加工。方向开关 SA1 扳至_____；结果填写在下方：

_____

_____

_____

（2）整流电路是将交流电转换成直流电，电容 C 作用是：_____；电阻器 RP 作用是：_____；

_____

_____

_____

_____

（3）如何对电流继电器 KA 进行选型和检测？

_____

_____

_____

1.2   独立工作任务：点检元器件，并记录。

序 号	名 称	型 号	符 号	数 量	备 注
1					

1.3   工作记录：根据控制系统安装和调试要求，对实训室能够提供的条件进行整理、收集，并做好工作记录。

工位号：＿＿＿＿＿＿

	序号	名　　称	型　　号	状　　态
设备记录	1	M7130 磨床机械模拟本体		
	2	控制柜		
	3	工作台		
工具记录	1	尖嘴钳		
	2	剥线钳		
	3	压线钳		
	4	螺丝刀		
	5	直尺		
仪器仪表	1	指针式万用表		
	2	接地电阻测量仪		
材料记录	1	导线		
	2	线槽		
	3	线管		
	4	压线端子		
其他相关		导线		
		线槽		

2. 计划

2.1　独立工作：制订工作计划

工作计划参考下表制订：

序号	工作过程	规 定 时 间	时 间 记 录	自我跟踪	备　注
1	获取资料	＿＿日＿＿时＿＿ ＿＿日＿＿时＿＿	＿＿日＿＿时＿＿ ＿＿日＿＿时＿＿		
2	整理工位	＿＿日＿＿时＿＿ ＿＿日＿＿时＿＿	＿＿日＿＿时＿＿ ＿＿日＿＿时＿＿		
		＿＿日＿＿时＿＿ ＿＿日＿＿时＿＿	＿＿日＿＿时＿＿ ＿＿日＿＿时＿＿		
		＿＿日＿＿时＿＿ ＿＿日＿＿时＿＿	＿＿日＿＿时＿＿ ＿＿日＿＿时＿＿		
		＿＿日＿＿时＿＿ ＿＿日＿＿时＿＿	＿＿日＿＿时＿＿ ＿＿日＿＿时＿＿		

（续表）

序号	工作过程	规　定　时　间	时　间　记　录	自我跟踪	备　注
		＿＿日＿＿时＿＿＿ ＿＿日＿＿时＿＿＿	＿＿日＿＿时＿＿＿ ＿＿日＿＿时＿＿＿		
		＿＿日＿＿时＿＿＿ ＿＿日＿＿时＿＿＿	＿＿日＿＿时＿＿＿ ＿＿日＿＿时＿＿＿		
		＿＿日＿＿时＿＿＿ ＿＿日＿＿时＿＿＿	＿＿日＿＿时＿＿＿ ＿＿日＿＿时＿＿＿		
		＿＿日＿＿时＿＿＿ ＿＿日＿＿时＿＿＿	＿＿日＿＿时＿＿＿ ＿＿日＿＿时＿＿＿		
		＿＿日＿＿时＿＿＿ ＿＿日＿＿时＿＿＿	＿＿日＿＿时＿＿＿ ＿＿日＿＿时＿＿＿		
		＿＿日＿＿时＿＿＿ ＿＿日＿＿时＿＿＿	＿＿日＿＿时＿＿＿ ＿＿日＿＿时＿＿＿		

3. 准备

3.1　独立工作：在工作信息管理板上张贴工艺文件、布局图和电气图纸。

电气元器件布局图交由教师审核，并记录意见：

_____

_____

_____

_____

3.2　独立工作：用万用表如何测试稳压二极管？

_____

_____

_____

3.3　独立工作：用万用表电阻档测试电容C，如何完成？

_____

_____

_____

_____

4. 实施

4.1　独立工作：按工序要求安装元件、导线连接以及电气性能检测，过程中对工件技术数据记录。

项　目	要　求	结 果 分 析	用时(分)
元件安装	按原有布局图实施		
导线处理	无裸露现象		
电气连接	牢固、接线顺序合理		
标号管安装	顺序一致		
地线连接	标准连接		
万用表使用	仪器仪表使用规范		
安全操作	规范		
工具摆放	规范		
每日 5S 执行	严格遵守		
每日对工作现场点检	按点检标准		
质量检测	美观、合理、正确率高		
电气连接机床机械本体			

4.2　独立思考：液压控制系统应用在 M7130 磨床中，将优势填写在下方。

_____

_____

_____

4.3　独立思考：调试中，若整流后电压不够，可能存在的问题有哪些？若工件吸合不了，可能存在的问题有哪些？

_____

_____

_____

5. 测评

5.1　独立检查工作：通电测试中，一旦经过磁盘电流不足，会出现什么情况？该如何处理？

_____

_____

_____

5.2   独立检查工作：在技术检查中，将发现的问题进行记录、分析，并将处理措施进行记录。

问题：_____

分析：_____

措施：_____

5.3   交换检查工作：在技术检查中，将发现的问题进行记录、分析，并将处理措施进行记录。

问题：_____

分析：_____

措施：_____

5.4   独立工作：整理工位，向教师移交，按下表检查自己的工作计划完成情况并实施工作总结。

检 查 项 目	检查结果 优、良、差		完善点	其　他
工时执行				
5S 执行				
质量成果				
学习投入				
获取知识				
技能水平				
安全、环保				
设备使用				
突发事件				

6.学生成果质量检测卡

姓名：		学号：	
专业：		时间：	年 月 日
设备：		评分：	

6.1 M7130控制系统原理（见图1-17）

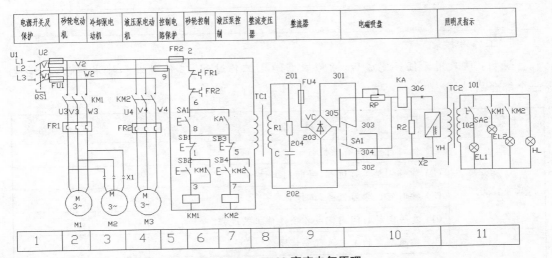

图1-17 M7130磨床电气原理

6.2 质量测量

序号	尺寸或精度	标 准	测量结果
1	元件布局	上下、左右合理	
2	导线接入	美观、准确	
3	线头	牢固	
4	压线	准确选用压线管	
5	线号	识读清楚	
6	接地	准确、牢固	
7	线槽	美观、合理	
8	导线连接	牢固、标准	
9	通电测试	成功率、判断	
	其他		

6.3 问题交流：根据结果和问题交流情况给予评测

如果整流后电压不足,将会发生什么现象？可能是什么原因造成的？

砂轮电机和冷却电机同步运行的主要目的是什么？

7. 工作考核表

说明：该表用于任务完成后，教师依据学生工作过程、工作成果和技术对话，给学生一个综合成绩。

考核内容	考　核　指　标	比　重	评价结果
1. 操作效能 （比重：30%）	（1）制订计划，并有效执行		
	（2）能够调整工作过程，并顺利工作		
	（3）按时完成学习任务、工作页		
	（4）在规定的时间内完成各项操作工艺过程		
2. 操作规范 （比重：20%）	（5）按照制定的工艺流程安装操作		
	（6）工位使用后能够按规定整理复位		
	（7）操作符合生产要求，并且注重操作安全和环保的处理		
	（8）工具摆放规范，操作程序流畅		
3. 知识应用 （比重：10%）	（9）工作过程中遇到关键问题，能够通过查阅资料等手段获取解决办法		
	（10）准确分析工作原理，并能正确表达工作过程		
	（11）对未掌握的新技术能够主动获取，并提出观点、看法		
	（12）愿意和他人讨论问题，并积极转化为工作行动		
4. 技术对话 （比重：10%）	（13）通过对话，学生掌握了关键技术，并且能够向他人表达自己的判断		
	（14）能够主动学习，就相关关键性技术问题高效咨询		
5. 产品质量 （比重：30%）	（15）教师对学生工作成果的关键技术点进行测量或测试，并录在"质量测量卡"上，依据结果考核该项		
		100%	合计：

任务四　CA6140 车床控制系统安装调试

一、学习情境设计

情境描述	根据车床 CA6140 的控制原理图,选用工具、元件,安装并调试控制系统。
学习时间	20 学时
学习任务	识读原理图,分析原理和工作过程;选择元件;编制工艺;选择导线;整理工位,适合企业生产;制定标准;质量检查;元件安装与电气连接;处理废料,注重环境保护;安全用电;简单维护车床;故障检查;过程评价;工作评估;电流计算。
能力目标	● 能够根据 CA6140 工作原理要求制订实施计划; ● 能够选择必备的工具、设备和元件,快速安装控制系统,并对存在的问题正确分析、认识; ● 能够准确判断并改正错误; ● 能够初步对机床控制、设备控制进行认识,为设备生产、调试以及维修维护奠定基础; ● 能够自主学习,与他人进行技术交流,处理工作过程中的矛盾与冲突; ● 能够考虑安全与环保因素,遵守工位 5S 与安全规范。

二、行动过程设计

工作(学习)行动过程		专 业 能 力		个 人 能 力	
		专业知识	实践技能	社会能力	自我能力
1. 信息	1.1 根据教师安排的任务,分析系统控制过程,准确列取元器件清单	控制系统原理;元件功能基础;车床操作过程	元件选用	学习能力、技术分析能力	自主学习
	1.2 获取控制系统安装的整体要求、技术标准,列取工具、仪器以及了解工位状况	技术标准以及应用	工具选用	技术沟通与交流	表达、理解能力
	1.3 根据功率计算电流,学会选择导线,并对系统安装过程中使用导线进行适用性分析	电流、功率关系及其计算;三相电应用知识	根据电流选用导线		自主学习
2. 计划	2.1 制定系统安装工艺流程,保证生产质量,核实生产成本、资料,对生产资源进行了解	电气工艺技术知识,影响电气质量的因素分析	编制工艺流程	技术表达	表达、理解能力
	2.2 制订一份工作计划,明确操作过程、时间,以及如何保证质量的措施	时间规划和计划表	制订一份加工计划	严谨的工作态度	计划性

（续表）

工作（学习）行动过程		专 业 能 力		个 人 能 力	
		专业知识	实践技能	社会能力	自我能力
3.准备	3.1 整理工位，张贴图纸、工艺文件，摆放工具等	生产岗位知识	生产性工位设置	规范、标准	规范意识
	3.2 了解工位安全保护措施、5S标准、操作规范和再次熟悉企业生产的电气技术标准	生产岗位知识	生产一线管理；5S	规范、标准	规范意识
	3.3 根据设备，绘制一份元器件安装布局草图，并提供给教师审核	元件布局基础	安装规划	技术交流	表达、理解能力
	3.4 根据布局要求，进行导线的选择、预加工，并整理好导线，放入待用区	导线材料	使用工具加工导线	生产规划	规范意识
4.实施	4.1 按安装布局图，实施元件安装，实现快速安装	电气规范	安装元件技巧；布局合理		
	4.2 电气连接，练习导线加工和工具使用，对接点进行标准的处理	技术标准应用	电气连接	质量意识	责任感
	4.3 连接电机，通电前整体测试，互相检查，然后通电，力求一次性通电成功	电学基础知识	万用表应用	精益求精	合作沟通
5.测评	5.1 工作完成后，对工位进行整理，处理好废料、整理好工具等		5S实践和检查		责任感
	5.2 根据产品技术标准，进行成果判断，并根据操作过程、效能等行动进行自评测，主要是过程评测和技术评测，将结果向教师移交	原理；电气基础；测量流程；生产标准	按生产标准，检测质量并记录	技术交流	技术沟通能力
	5.3 配合教师对他人成果进行科学评价，主要是成果评价，并给出评价结果				
	5.4 制订计划，按计划拆卸系统，整理工位，将工具、量具、元件等设备归位，并向教师移交	电气系统拆卸基本规范和知识	设备拆装	生产环保	环境意识

三、考核方案设计

通过现场观察、技术对话、查看学生工作页以及学生工作成果质量检测等手段进行成绩考核，成绩比例如下：

操作效能	知识应用	操作规范	技术对话	产品质量	总 计
20%	20%	20%	10%	30%	100%

四、学习条件建议

设备：安装工作台，1台/人，带工具柜；

电工工具套装：1套/人；

万用表：1台/人；

技术手册：提供相应的技术手册；

现场：工位技术信息张贴处，计划工作台；

打印机：1台。

五、学生学习工作页设计

学习领域一 电气控制技术		学习阶段：
任务四 CA6140车床控制系统安装调试		学习时间：
姓名：	班级：	学号：
小组名：	组内角色：	其他成员：

任务描述：根据生产资料安装CA6140车床控制系统，并完成模拟调试。CA6140车床电气原理如图1-18所示。

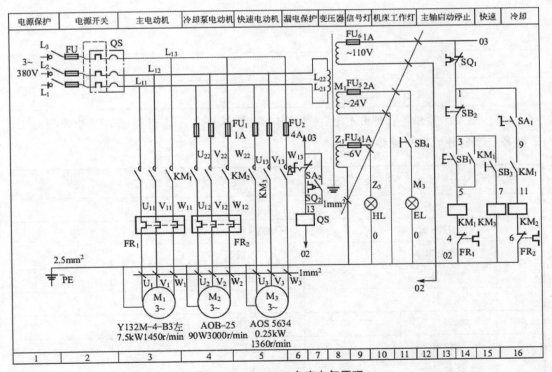

图1-18 CA6140车床电气原理

1. 信息

1.1 独立学习任务：分析、叙述 CA6140 的加工操作过程。

(1) 按下加工操作启动按钮，主轴带动工件转动，开始加工，主轴电动机额定功率是_____ kW，额定电流_____ A。

电流计算如下：

_____

_____

_____

(2) 冷却系统控制电路联结 KM1 常开辅助触点的作用是什么？

_____

_____

_____

(3) 操作安全保护装置是防止操作时工件飞出造成的对操作者的伤害，要定期点检装置的完好性。根据 CA6140 安全装置，结合电气原理图，分析工作过程：

_____

_____

_____

_____

1.2 独立工作任务：列出元器件、电气设备清单，并与车床说明书的型号进行对比，了解每种元器件的市场价格。

序号	名 称	型 号	符 号	数 量	备 注
1	隔离开关		QS	3	
2	交流接触器		KM1\KM2\KM3	2	
3	热继电器		FR1\FR2	2	
4	熔断器		FU1	3	
5	熔断器		FU2	3	
6	熔断器		FU4	1	
7	熔断器		FU5	1	
8	熔断器		FU6	1	

（续表）

序　号	名　　称	型　号	符　号	数　量	备　注
9	变压器		TC	1	
10	常闭行程开关		SQ1	1	
11	常开行程开关		SQ2	1	
12	关闭按钮		SB2	1	
13	启动按钮		SB1、SB3	1	
14	旋转按钮		SA1	1	
15	带钥匙按钮		SA2	1	
16	信号灯		HL	1	
17	照明灯		EL	1	
18	接线排		XT	1	

　　1.3　工作记录：根据控制系统安装和调试要求，对实训室能够提供的条件进行整理、收集，并做好工作记录。

　　工位号：_____

	序号	名　　称	型　号	状　态
设备记录	1	CA6140 机床机械模拟本体		
	2	控制柜		
	3	工作台		
工具记录	1	尖嘴钳		
	2	剥线钳		
	3	压线钳		
	4	螺丝刀		
	5	直尺		
仪器仪表	1	指针式万用表		
	2	接地电阻测量仪		
材料记录	1	导线		
	2	线槽		
	3	线管		
	4	接线端子		
其他相关				

2. 计划

2.1 独立工作：查询手册和工序样本，制定工艺流程，为了保证安装质量和效率，分析工作过程中可能欠缺的自我能力和外方因素。

工艺流程：

_____

_____

_____

_____

各类因素：

_____

_____

_____

_____

2.2 独立工作：制订工作计划

工作计划：

序 号	工作过程	规 定 时 间	时 间 记 录	自我跟踪	备 注
1	获取资料	____日____时____ ____日____时____	____日____时____ ____日____时____		
2	整理工位	____日____时____ ____日____时____	____日____时____ ____日____时____		
		____日____时____ ____日____时____	____日____时____ ____日____时____		
		____日____时____ ____日____时____	____日____时____ ____日____时____		
		____日____时____ ____日____时____	____日____时____ ____日____时____		
		____日____时____ ____日____时____	____日____时____ ____日____时____		
		____日____时____ ____日____时____	____日____时____ ____日____时____		
		____日____时____ ____日____时____	____日____时____ ____日____时____		

(续表)

序号	工作过程	规 定 时 间	时 间 记 录	自我跟踪	备　注
		＿＿日＿＿时＿＿ ＿＿日＿＿时＿＿	＿＿日＿＿时＿＿ ＿＿日＿＿时＿＿		
		＿＿日＿＿时＿＿ ＿＿日＿＿时＿＿	＿＿日＿＿时＿＿ ＿＿日＿＿时＿＿		
		＿＿日＿＿时＿＿ ＿＿日＿＿时＿＿	＿＿日＿＿时＿＿ ＿＿日＿＿时＿＿		

3. 准备

3.1　独立工作：制定生产过程技术文件，如元器件布局、工艺卡；快速查看工位，在工作信息管理板上张贴工艺文件、布局图和电气图纸。

将电气元器件布局图交由教师审核，意见记录：

_____

_____

_____

3.2　独立工作：按生产要求，点检设备和生产现场。在设备点检时，发现安装控制台接地，分析这种措施的工作现象。

_____

_____

_____

3.3　团队工作：普通机床控制系统中，元器件在电气柜中布局有以下原则：

（1）从上到下、从左到右；

（2）按元器件顺序安装；

（3）接排应安装在＿＿＿＿＿＿＿＿＿；

（4）较沉的用电器应放置在电气柜＿＿＿＿＿＿＿＿＿；

（5）主线路和控制线路分开走线，保持距离在＿＿＿＿＿mm；

（6）电气控制柜应分别设置零线排组及保护地线排组。

4. 实施

4.1　独立工作：按照工序要求安装元件、导线连接以及电气性能检测，过程中对工件技术数据记录：

_____

_____

项　目	要　求	结果分析	用时(分)
元件安装	按原有布局图实施		
导线处理	无裸露现象		
电气连接	牢固、接线顺序合理		
标号管安装	顺序一致		
地线连接	标准连接		
万用表使用	仪器仪表使用规范		
安全操作	规范		
工具摆放	规范		
每日 5S 执行	严格遵守		
每日对工作现场点检	按点检标准		
质量检测	美观、合理、正确率高		
电气连接车床机械本体			

4.2　个人工作：三相五线制中，U、V、W、N、PE用线颜色分别为：＿＿＿＿＿＿＿；导线连接时，剥线长度依据：＿＿＿＿＿＿；压接导线要：＿＿＿＿＿＿；接线端子选择要：＿＿＿＿＿＿；

4.3　独立思考：CA6140 控制系统涉及的保护措施有哪些？是如何实现的？

_____

_____

_____

_____

5. 测评

5.1　独立检查工作：在使用过程中，若照明灯不亮，可能是因为照明灯已坏，需要更换，或开关机械损坏，需要更换，或其他原因：

_____

_____

_____

_____

5.2　独立检查工作：在技术检查中，将发现的问题进行记录、分析，并将处理措施进行记录：

问题：_____

分析：_____

措施：_____

5.3　交换检查工作：在技术检查中，将发现的问题进行记录、分析，并将处理措施进行记录：

问题：_____

分析：_____

措施：_____

5.4　独立工作：整理工位，向教师移交，按下表内容检查自己的工作计划完成情况并实施工作总结。

检查项目	检查结果 优、良、差			完善点	其　他
工时执行					
5S 执行					
质量成果					
学习投入					
获取知识					
技能水平					
安全、环保					
设备使用					
突发事件					

6. 学生成果质量检测卡

姓名：		学号：	
专业：		时间：	年　月　日
设备：		评分：	

6.1   CA6140 控制系统原理(见图 1-19)

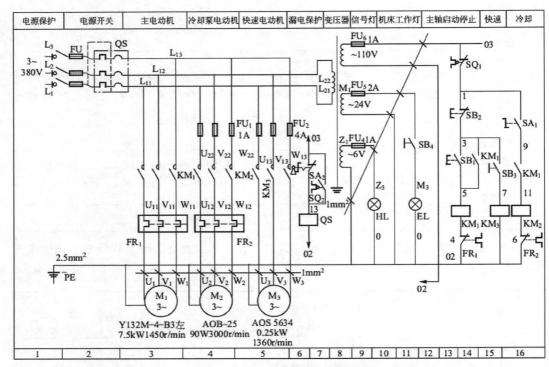

图 1-19   CA6140 控制系统

6.2   质量测量

序号	尺寸或精度	标 准	测 量 结 果
1	元件布局	上下、左右合理	
2	导线接入	美观、准确	
3	线头	牢固	
4	压线	准确选用压线管	
5	线号	识读清楚	
6	接地	准确、牢固	
7	线槽	美观、合理	
8	导线连接	牢固、标准	
9	通电测试	成功率、判断	
	其他		

6.3   问题交流:根据结果和问题交流情况给予评测

如何对控制系统做日常点检?

主轴电机不工作原因可能是哪些?

安全防护罩的作用有哪些?

元器件布局图对客户十分重要,它主要能提供哪些信息?

7. 工作考核表

说明:该表用于任务完成以后,教师依据学生工作过程、工作成果和技术对话,给学生一个该任务的综合成绩。

考核内容	考 核 指 标	比 重	评价结果
1. 操作效能 (比重:20%)	(1) 制订计划,并有效执行		
	(2) 能够调整工作过程,并顺利工作		
	(3) 按时完成学习任务、工作页		
	(4) 在规定的时间内完成各项操作工艺过程		
2. 操作规范 (比重:20%)	(5) 按照制定的工艺流程安装操作		
	(6) 工位使用后能够按规定整理复位		
	(7) 操作符合生产要求,并且注重操作安全和环保的处理		
	(8) 工具摆放规范,操作程序流畅		
3. 知识应用 (比重:10%)	(9) 工作过程中遇到关键问题,能够通过查阅资料等手段获取解决办法		
	(10) 准确分析工作原理,并能正确表达工作过程		
	(11) 对未掌握的新技术能够主动获取,并提出观点、看法		
	(12) 愿意和他人讨论问题,并积极转化为工作行动		
4. 技术对话 (比重:10%)	(13) 通过对话,学生掌握了关键技术,并且能够向他人表达自己的判断		
	(14) 能够主动学习,就相关关键性技术问题高效咨询		
5. 产品质量 (比重:30%)	(15) 教师对学生工作成果的关键技术点进行测量或测试,并录在"质量测量卡"上,依据结果考核该项		
		100%	合计:

任务五　Z3050 钻床控制系统安装调试

一、学习情境设计

情境描述	根据 Z3050 钻床的工作过程,分析其控制系统原理图,组织现场,安装控制系统,并调试成功。
学习时间	20 学时
学习任务	控制功能分析;识读原理图;制定工艺文件;应用生产标准;安装元件与电气连接;质量检查;液压系统;处理废料,环境保护;安全用电;故障检查;过程评价;工作评估。
能力目标	● 能够根据 Z3050 钻床控制系统设计与实现过程,了解根据控制要求简单设计控制系统的一般方法; ● 能够根据生产要求,制订实施计划,点检生产现场,安装控制系统; ● 能够对存在的问题正确分析、认识,准确判断并改正错误; ● 能够对普通钻床控制系统进行认识,为设备生产、应用调试以及维护维修奠定基础; ● 能够自主学习,与他人进行技术交流,处理工作过程中的矛盾与冲突; ● 能够考虑安全与环保因素,遵守工位 5S 与安全规范。

二、行动过程设计

工作(学习)行动过程		专 业 能 力		个 人 能 力	
		专业知识	实践技能	社会能力	自我能力
1. 信息	1.1 根据钻床的工作需求,分析钻床的控制功能,了解钻床实际的电气安装位置	钻床工作过程	用表格形式进行功能分析	技术沟通与交流	表达、理解能力
	1.2 分析原理图,对设备、零件、工具等进行型号、数据核对分析	控制系统原理;元件功能基础	元件选用	学习能力、技术分析能力	自主学习
	1.3 点检生产资料,对新型元件进行应用分析,熟悉技术标准等	技术标准以及应用	工具选用		
2. 计划	2.1 制订工作计划,明确操作过程、时间,以及如何保证质量、安全生产的要求和措施	时间规划和计划表	制订计划	严谨的工作态度	计划性
	2.2 制定质量检查记录表,随时记录安装过程中的问题、解决办法,并制定对成果质量检查用表	时间规划和计划表	制订一份加工计划	精益生产	质量意识

（续表）

工作(学习)行动过程			专业能力		个人能力	
			专业知识	实践技能	社会能力	自我能力
3.准备	3.1	绘制电气布置图和线路走向图	电气安装基础	绘制电气布置图等线路设计	规范、标准	技术分析能力
	3.2	整理工位,张贴图纸、工艺文件等	生产管理与组织	工位设置	生产管理与组织	规范、标准意识
	3.3	根据生产要求,将生产资料规范摆放在适合安装人员取用的位置	导线材料	使用工具加工导线	生产规划	规范意识
	3.4	整理好学习角,有利于随时记录工作成果				学习方法
4.实施	4.1	按安装布局图,熟练使用工具实施元件安装、固定、记号,实现快速安装	电气规范	安装元件技巧;布局合理		
	4.2	电气连接,进一步熟练导线加工和工具使用,对接点进行标准处理	技术标准应用	电气连接	质量意识	责任感
	4.3	接入负载,通电前整体测试,互相检查,然后通电,力求一次性通电成功	电学基础知识	万用表应用	精益求精	合作沟通
5.测评	5.1	工作完成后,对工位进行整理,处理好废料、整理好工具等		5S实践和检查		责任感
	5.2	根据产品技术标准,进行成果判断,并根据操作过程、效能等行动进行自评评测,主要是过程评测和技术评测,将结果向教师移交	原理;电气基础;测量流程;生产标准	按生产标准,检测质量并记录	技术交流	技术沟通能力
	5.3	制订计划,按计划拆卸系统,整理工位,将工具、量具、元件等设备归位,并向教师移交	电气系统拆卸基本规范和知识	设备拆装	生产环保	环境意识

三、考核方案设计

通过现场观察、技术对话、查看学生工作页以及学生工作成果质量检测等手段进行成绩考核,成绩比例如下:

操作效能	知识应用	操作规范	技术对话	产品质量	总　计
30%	10%	20%	10%	30%	100%

四、学习条件建议

设备：安装工作台,1台/人,带工具柜；

电工工具套装：1套/人；

万用表：1台/人；

绝缘兆欧表：1台/4人；

钳形电流表：1台/4人；

提供元器件、工艺文件、工具、仪器仪表等相关生产资料；

技术手册：提供相应的技术手册；

现场：工位技术信息张贴处,计划工作台；

打印机：1台。

五、学生学习工作页设计

学习领域一 电气控制技术		学习阶段：
任务五 Z3050钻床控制系统安装调试		学习时间：
姓名：	班级：	学号：
小组名：	组内角色：	其他成员：

任务描述：根据生产资料安装CA6140车床控制系统,并完成模拟调试。

Z3050钻床电气原理如图1-20所示。

1. 信息

1.1 独立学习任务：摇臂钻床是用钻头在工件上加工孔的机床,钻床控制功能列表如下：

运 动 种 类		运 动 形 式	控 制 要 求 分 析
主运行		主轴带动钻头旋转	主轴转动由电动机带动,无须反转
进给运行		摇臂升和降运动	有电动机控制,须正反转
辅助运行	冷却泵	冷却液供给	
	摇臂夹紧与放松		
	照明		
	信号指示		

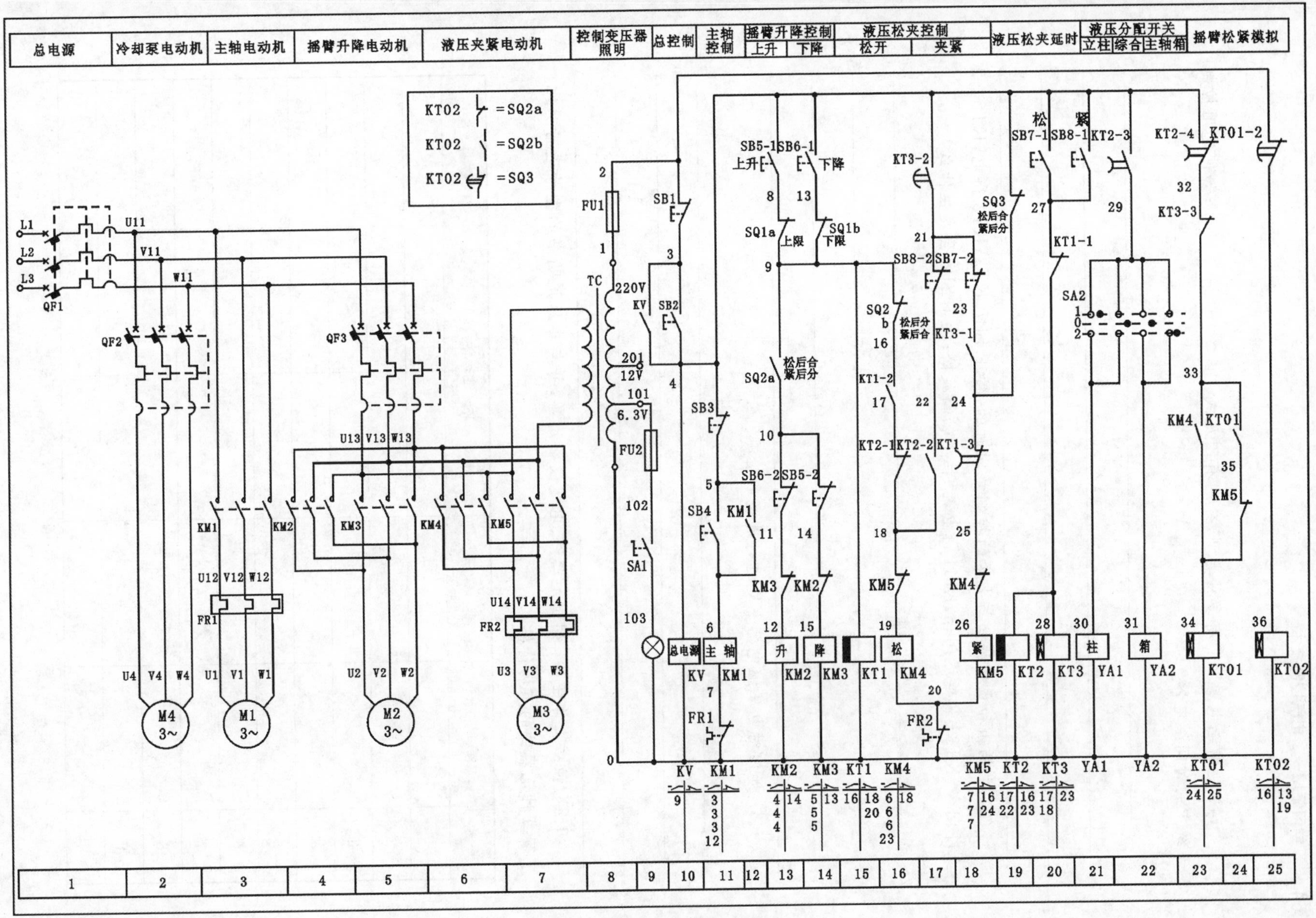

图 1 - 20 Z3050 钻床电气原理

(1) 延时继电器 KT 有多种类型,分别有阻尼式、_____、_____;如何选用控制系统中的时间继电器?

_____

_____

_____

(2) 主轴箱和立柱放松与夹紧的控制是同时的,按下 SB7,KT2\KT3 得电,KT2-2 立即闭合、KT3-2 延迟闭合,KM4 得电,立柱主轴箱放松;按下 SB8 会发生什么?

_____

_____

_____

(3) 如何对电压继电器 KV 进行选型和检测?

_____

_____

_____

1.2 独立工作任务:列出元器件、电气设备清单,并与车床说明书的型号进行对比,了解每种元器件的市场价格。

序号	名　称	型　号	符　号	数　量	备　注
1					
2					
3					
4					
5					
6					
7					
8					
9					
10					

（续表）

序 号	名　称	型　号	符　号	数　量	备　注
11					
12					
13					
14					

1.3　工作记录：根据控制系统安装和调试要求，对实训室能够提供的条件进行整理、收集，并做好工作记录。

工位号：＿＿＿＿＿＿＿＿

	序号	名　称	型　号	状　态
设备记录	1	Z3050钻床机械模拟本体		
	2	控制柜		
	3	工作台		
工具记录	1	尖嘴钳		
	2	剥线钳		
	3	压线钳		
	4	螺丝刀		
	5	直尺		
仪器仪表	1	指针式万用表		
	2	接地电阻测量仪		
	3	钳形电流表		
材料记录	1	导线		
	2	线槽		
	3	线管		
	4	压线端子		
	5	胶套		
其他相关				

2. 计划

2.1　独立工作：制订工作计划

工作计划：

序号	工作过程	规 定 时 间	时 间 记 录	自我跟踪	备 注
1	获取资料	___日___时___ ___日___时___	___日___时___ ___日___时___		
2	整理工位	___日___时___ ___日___时___	___日___时___ ___日___时___		
		___日___时___ ___日___时___	___日___时___ ___日___时___		
		___日___时___ ___日___时___	___日___时___ ___日___时___		
		___日___时___ ___日___时___	___日___时___ ___日___时___		
		___日___时___ ___日___时___	___日___时___ ___日___时___		
		___日___时___ ___日___时___	___日___时___ ___日___时___		
		___日___时___ ___日___时___	___日___时___ ___日___时___		
		___日___时___ ___日___时___	___日___时___ ___日___时___		
		___日___时___ ___日___时___	___日___时___ ___日___时___		
		___日___时___ ___日___时___	___日___时___ ___日___时___		

3. 准备

3.1 独立工作：在工作信息管理板上张贴工艺文件、布局图和电气图纸。
将电气元器件布局图交由教师审核，意见记录在下方。

_____

_____

_____

3.2 独立工作：根据你所学习的内容，制定导线选型方案，与实际方案对比，并分析结果。
三相电源用导线为_____ mm^2；主轴电机主线为_____ mm^2；

_____

_____

3.3 独立工作：YA是什么元器件？了解你准备的该器件，分析它的工作过程。

4. 实施

4.1 独立工作：按工序要求安装元件、导线连接以及电气性能检测，过程中对工件技术数据进行记录。

项 目	要 求	结 果 分 析	用时(分)
元件安装	按原有布局图实施		
导线处理	无裸露现象		
电气连接	牢固、接线顺序合理		
标号管安装	顺序一致		
地线连接	标准连接		
万用表使用	仪器仪表使用规范		
安全操作	规范		
工具摆放	规范		
每日5S执行	严格遵守		
每日对工作现场点检	按点检标准		
质量检测	美观、合理、正确率高		
电气连接车床机械本体			

4.2 独立思考：根据调试情况，进行技术记录。

单 元	运行情况是否正常	故障现象	确定故障点	排除方式
液压单元				
升降、夹紧、放松				
主轴				
冷却				
照明				
信号显示				
人机保护				

4.3   独立思考：电动机相序安装有哪些要求？

_____

_____

_____

_____

5. 测评

5.1   独立检查工作：对你及其他同学工作的现场进行一次检查，将发现的问题进行总结和分析。

_____

_____

_____

5.2   独立检查工作：在技术检查中，将发现的问题进行记录、分析，并将处理措施进行记录。

问题：_____

分析：_____

措施：_____

5.3   交换检查工作：在技术检查中，将发现的问题进行记录、分析，并将处理措施进行记录。

问题：_____

分析：_____

措施：_____

5.4   独立工作：整理工位，向教师移交，按下表检查自己的工作计划完成情况并完成工作总结。

检查项目	检查结果 优、良、差			完善点	其 他
工时执行					
5S 执行					
质量成果					
学习投入					
获取知识					
技能水平					

（续表）

检查项目	检查结果 优、良、差			完善点	其 他
安全、环保					
设备使用					
突发事件					

6. 学生成果质量检测卡

姓名：		学号：	
专业：		时间：	年　月　日
设备：		评分：	

6.1　Z3050 控制系统原理（见图 1-21）

6.2　质量测量

序号	尺寸或精度	标　准	测 量 结 果
1	元件布局	上下、左右合理	
2	导线接入	美观、准确	
3	线头	牢固	
4	压线	准确选用压线管	
5	线号	识读清楚	
6	接地	准确、牢固	
7	线槽	美观、合理	
8	导线连接	牢固、标准	
9	通电测试	成功率、判断	
10	其他		

6.3　问题交流：根据结果和问题交流情况给予评测

液泵系统经常出现的故障有哪些？

_____

_____

如何点检行程开关？

_____

_____

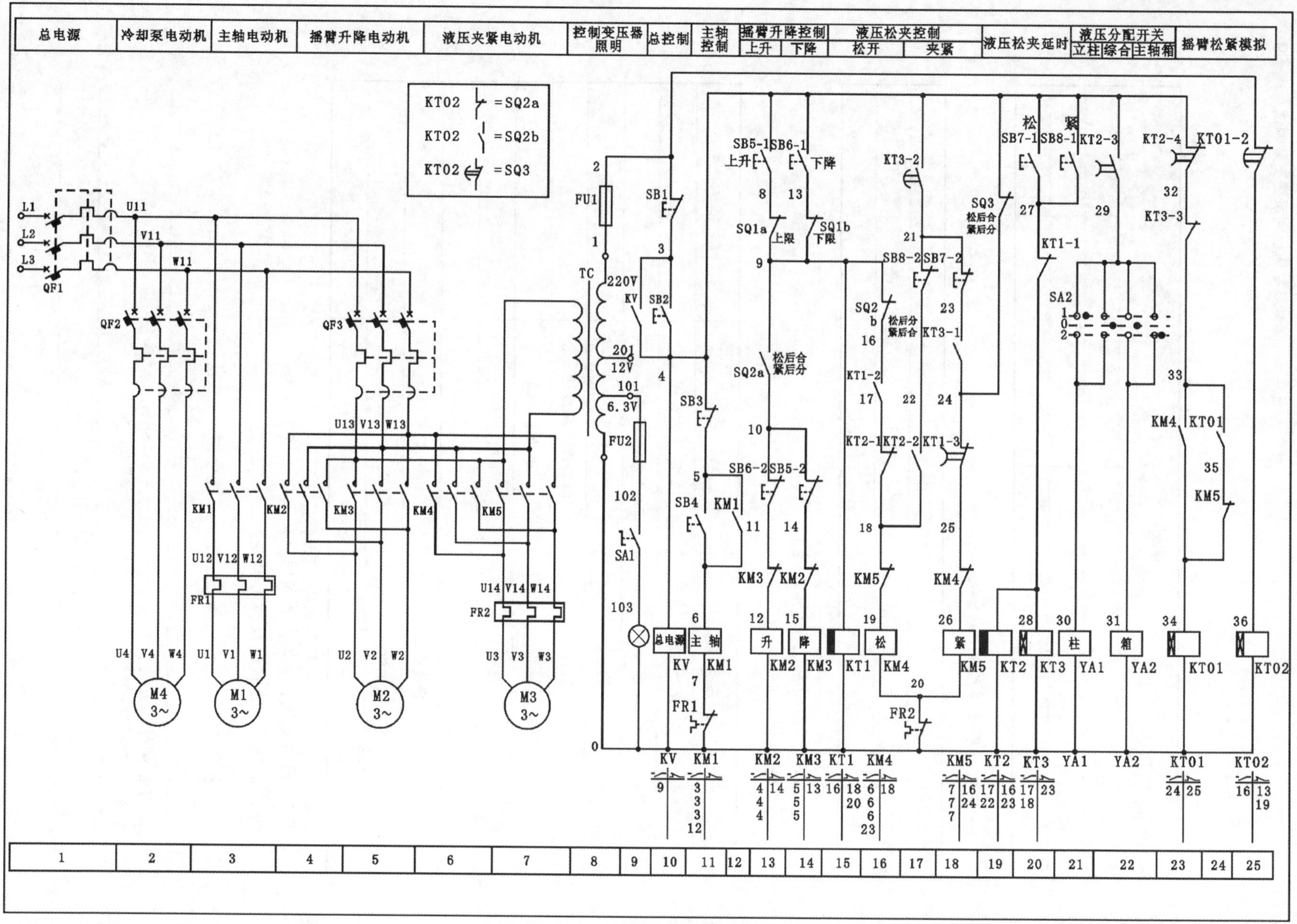

图 1-31　Z3050 摇臂钻床电气原理图

7. 工作考核表

说明：该表用于任务完成以后，教师依据学生工作过程、工作成果和技术对话，给予学生一个该任务的综合成绩。

考核内容	考 核 指 标	比　重	评价结果
1. 操作效能 （比重：30%）	(1) 制订计划，并有效执行		
	(2) 能够调整工作过程，并顺利工作		
	(3) 按时完成学习任务、工作页		
	(4) 在规定的时间内完成各项操作工艺过程		
2. 操作规范 （比重：20%）	(5) 按照制定的工艺流程安装操作		
	(6) 工位使用后能够按规定整理复位		
	(7) 操作符合生产要求，并且注重操作安全和环保的处理		
	(8) 工具摆放规范，操作程序流畅		
3. 知识应用 （比重：10%）	(9) 工作过程中遇到关键问题，能够通过查阅资料等手段获取解决办法		
	(10) 准确分析工作原理，并能正确表达工作过程		
	(11) 对未掌握的新技术能够主动获取，并提出观点、看法		
	(12) 愿意和他人讨论问题，并积极转化为工作行动		
4. 技术对话 （比重：10%）	(13) 通过对话，学生掌握了关键技术，并且能够向他人表达自己的判断		
	(14) 能够主动学习，就相关关键性技术问题高效咨询		
5. 产品质量 （比重：30%）	(15) 教师对学生工作成果的关键技术点进行测量或测试，并录在"质量测量卡"上，依据结果考核该项		
		100%	合计：

学习领域二

电子技术

知识点　电子技术

　　电子技术是根据电子学的原理,运用电子元器件设计和制造某种特定功能的电路以解决实际问题的科学,包括信息电子技术和电力电子技术两大分支。信息电子技术包括模拟(analog)电子技术和数字(digital)电子技术。电子技术是对电子信号进行处理的技术,处理的方式主要有信号的发生、放大、滤波、转换。

图 2-1　二极管

　　二极管的正负二个端子,一端称为阳极,一端称为阴极,如图 2-1 所示,灰色端为阴极。电流只能从阳极向阴极方向移动。二极管是由半导体组成的器件。半导体无论哪个方向都能流动电流。

　　大部分二极管所具备的电流方向性,通常称之为"整流"功能。二极管最普遍的功能就是只允许电流由单一方向通过(称为顺向偏压),反向时阻断(称为逆向偏压)。因此,我们可以把二极管想成电子版的逆止阀。然而实际上二极管并不会表现出如此完美的开与关的方向性,而是较为复杂的非线性电子特征——这是由特定类型的二极管技术决定的。二极管使用上除了用作开关的方式之外还有很多其他的功能。

　　三极管,全称半导体三极管,也称双极型晶体管、晶体三极管,是一种控制电流的半导体器件。其作用是把微弱信号放大成幅度值较大的电信号,也用作无触点开关。

　　三极管是半导体基本元器件之一,具有电流放大作用,是电子电路的核心元件。三极管是在一块半导体基片上制作两个相距很近的 PN 结,这两个 PN 结把整块半导体分成三部分,中间部分是基区,两侧部分是发射区和集电区,排列方式有 PNP 和 NPN 两种,如图 2-2 所示。三极管实物如图 2-3 所示,三个管脚从左到右分别是 E、B、C。

　　电阻器(Resistor)在日常生活中一般称为电阻,是一个限流元件。将电阻接在电路中后,电阻器的阻值是固定的,电阻器一般是两个引脚,它可限制通过它所连支路的电流大

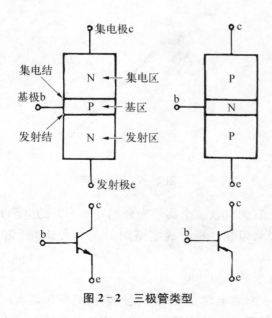

图 2-2　三极管类型

图 2-3　三极管实物

小。阻值不能改变的称为固定电阻器；阻值可变的称为电位器或可变电阻器。理想的电阻器是线性的，即通过电阻器的瞬时电流与外加瞬时电压成正比，主要用于分压的可变电阻器。它在裸露的电阻体上，紧压着一至两个可移金属触点，触点位置确定电阻体任一端与触点间的阻值。

端电压与电流有确定函数关系，体现电能转化为其他形式能力的二端器件，用字母 R 来表示，单位为欧姆 Ω。实际器件如灯泡、电热丝、电阻器等均可表示为电阻器元件。

电阻元件的电阻值大小一般与温度、材料、长度，以及横截面积有关。衡量电阻受温度影响大小的物理量是温度系数，其定义为温度每升高 1℃ 时电阻值发生变化的百分数。电阻的主要物理特征是变电能为热能，也可说它是一个耗能元件，电流经过时它就产生内能。电阻在电路中通常起分压、分流的作用。对信号来说，交流与直流信号都可以通过电阻。

电阻的实物如图 2-4 所示，我们可以观察电阻上的色环来了解电阻的阻值

两个相互靠近的导体，中间夹一层不导电的绝缘介质，这就构成了电容器。当电容器的两个极板之间加上电压时，电容器就会储存电荷。电容器的电容量在数值上等于一个导电极板上

图 2-4　电阻

的电荷量与两个极板之间的电压之比。电容器的电容量的基本单位是法拉（F）。在电路图中通常用字母 C 表示电容元件。

电容器在调谐、旁路、耦合、滤波等电路中起着重要的作用。晶体管收音机的调谐电路中要用到它，彩色电视机的耦合电路、旁路电路等也要用到它。图 2-5 为电解电容，引脚比较长的一端为正极，短的那端或者带灰色的一端为负极。图 2-6 为瓷片电容，是无极性电容。

图 2-5　电解电容　　　　　　图 2-6　瓷片电容

本教材将根据稳压电源、收音机、双闪灯这三个实例来介绍一些不同的电子元器件。它们包括了二极管、电阻、电容、三极管以及一些集成电路如 LM317、MK484 和 555 定时器。

除此之外电子技术还应用在工作生活中的其他方面：

（1）电源与电力系统中的应用：变频器电源主要用于交流电机的变频调速。工频电源通过整流器变成固定的直流电压，然后由大功率晶体管或 IGBT 组成的 PWM 高频变换器，将直流电压逆变成电压、频率可变的交流输出，电源输出波形近似于正弦波，用于驱动交流异步电动机实现无级调速。

（2）交通领域中的应用：电子技术在交通领域中的应用主要为交通系统应用。电力机车目前正在由传统直流电机传动向交流电机传动转变，主要采用 GTO 控制器件，整流和逆变用 PWM 控制，所以可使输入电流为正弦波。

（3）工业领域中的应用：在传统的工业领域中，应用广泛的主要是交直流电动机。直流电动机具有较强的调速功能，为其供电的可控整流电源或者是直流电源多数采用的是电力电子装置。

（4）广播电视领域中的应用：广播电视业是一个技术密集的行业，它伴随着现代电子技术的产生而产生，随着现代电子技术的发展而发展。近 10 年来，以数字技术、卫星技术、光传输技术和网络技术为代表的新技术正在给广播电视的发展带来革命性的变化。

（5）国防领域中的应用：国防事业的发展很大程度上依赖于国防电子企业的发展，而国防电子企业的发展又依赖于电子技术的进步。目前，机载、星载、舰载和陆基传感器（包括射频和光电传感器）是许多国家获得情报优势的主要手段，通信网络技术和武器系统综合技术则是实施联合作战和军队转型的基础和必要条件。信息网络连接和支持各种武器平台，它是"网络中心战"的基础和核心，而电子信息设备在各种武器装备中的渗透基本实现了武器装备的信息化，使战争形态发展成系统与系统的较量，体系与体系的对抗。

电子技术所能运用到的地方远远不止这些。科技的日新月异，使得电子技术的广泛应用和快速发展成为可能。

任务六 稳压电源

一、学习情境设计

情境描述	企业任务：你所工作的电子产品企业接到一批可调直流稳压电源电路的订单。要求输入交流 24 V，输出 1.5～30 V 可调。请根据功能要求学习电子电路及元器件知识，读懂电路图，制定制作直流稳压电路的工艺，制订工作计划并实施，最终产品检测后交付。
学习时间	12 学时
学习任务	搜集学习整流、电子半导体、滤波、稳压等电子技术知识，电子制作安全规范等信息，手绘电路图，撰写稳压电源项目计划并论证，确定所需材料及工、辅、量具清单；演讲汇报，共同决策；工作过程与结果评价总结；注重工作现场 5S 与环境保护；按要求关注安全、环保因素。
能力目标	● 能够接受工作任务，合理搜集并整理电子技术知识信息； ● 能够进行小组合作，制订小组工作计划； ● 能够编写直流稳压电源功能说明书与制订工作计划； ● 能够培养成本意识，核算工作成本； ● 能够自主学习，与同伴进行技术交流，处理工作过程中的矛盾与冲突； ● 能够考虑安全与环保因素，遵守工位 5S 与安全规范。

二、行为过程设计(见下表)

工作(学习)行动过程		专 业 能 力		个 人 能 力	
		专业知识	实践技能	社会能力	自我能力
1. 信息	1.1 收集信息，电子技术基础、模拟电压、整流、滤波、稳压等相关知识，理解直流稳压电路的设计与安装要点	半导体与电阻电容；二极管，三极管；LM317/117；电子电路等	信息查询及整理策略；触电急救；思维导图等	技术沟通与交流	独立学习
	1.2 整理信息，熟悉直流稳压电源电路图，列出元器件及材料清单，确定安装工具清单	直流稳压电源电路图；元器件及材料清单；工、辅量具清单	电子技术安全规范等查阅	沟通与交流	独立工作
	1.3 成本估算，确定本项目费用项目，估算各项成本，包括时间与人工成本	成本项目；各因素计算方法；时间、人工成本估算			成本核算

（续表）

工作(学习)行动过程			专 业 能 力		个 人 能 力	
			专业知识	实践技能	社会能力	自我能力
2. 计划	2.1	小组汇总,共同分享信息阶段的学习成果,形成小组工作成果	上述专业知识及术语		团队意识 沟通能力	表达、理解能力
	2.2	小组讨论工作任务目标,协调成员分工	稳压电源资料结构;小组成员角色分工		矛盾处理	整体、全局概念
	2.3	小组讨论制订工作计划,关注时间、角色、合作等因素	工作计划与分工		组织能力	KPI 意识
3. 决策	3.1	各小组展位汇报,共同讨论稳压电源,相互学习	直流稳压电路、元器件选用要点、工具使用等知识。用完整的行动过程工作思路判断小组的工作计划与成果		冲突处理	
	3.2	与其他组交流说明书、工作计划对比,并相互讨论,共同决策				比较学习
	3.3	创新工作思路,思考更优的工作项目方案				求精意识
4. 实施	4.1	按决策后的工作计划实施信息收集及说明书编写。注意工作效率、纪律,按时完成任务	企业技术文档的基本规范	项目资料的制作与归档	技术交流	时间管理
	4.2	进行现场 5S,对工作过程进行自我评判总结		5S 工作		节能环保意识
	4.3	小组计时员及监督员发挥合理的作用	观察遵守相关规范的情况			时间管理
5. 检查	5.1	对照项目任务要求,编制检测计划		确定检查标准		自我检查能力
	5.2	根据检测计划,小组自检项目任务的完成情况,并简单总结、记录	任务中常见错误及原因分析: a. 布局不合理; b. 焊接松动; c. 时间管理不合理; d. 不符合安全环保规范	项目工作时突发问题的分析与处理能力	团队合作	
	5.3	检查现场 5S 等执行情况			相互监督遵守规范	规范意识

（续表）

工作（学习）行动过程		专业能力		个人能力	
		专业知识	实践技能	社会能力	自我能力
6.评价	6.1　小组项目任务完成过程及结果总结。全班讲解汇报，相互评价	工作过程与能力导向	技术评价；接受建议		
	6.2　完成评价表：自评、小组评，教师评价		完成学习过程的评价		工作结果整理归档
	6.3　查找小组及个人工作成就与不足，制订下一项目改进计划	PDCA	问题导向		技术沟通与交流

三、考核方案设计

通过现场观察、技术对话、查看学生工作页、评价学生学习结果质量检测报告等手段进行成绩考核，成绩比例如下：

工作页	知识学习	小组工作	技术对话	学习结果	总　计
20%	20%	20%	10%	30%	100%

教师需要准备技术对话记录表、行动过程登记表和产品质量检验表，学生需要按照工作页完成本任务的学习，在过程中完成学习工作页，并提交给教师检查。

四、学习条件建议

实训台：电子焊接实训台，1台/组；
现场测量工具：万用表，示波器，1套/组；
汇报材料工具：白纸、卡纸、白板、彩笔等，1套/组；
技术手册：提供相应的技术手册，1套/组；
现场：工位技术信息张贴处，计划工作台。

五、学生学习工作页设计

学习领域二　电子技术		学习阶段：
任务六 稳压电源	学习载体 DC24V稳压电源	学习时间：
姓名：	班级：	学号：
小组名：	组内角色：	其他成员：

企业性任务描述：您所工作的电子产品企业接到一批可调直流稳压电源电路的订

单。要求输入工频交流 24 V,输出 1.5～30 V 可调。请根据功能要求学习电子电路及元器件知识,读懂电路图,制定制作直流稳压电路的工艺,制订工作计划并实施,最终产品检测后交付。

1. 信息

1.1　独立工作：搜集电子技术安全方面信息,完成以下任务。

(1) 触电对人体的危害主要有＿＿＿＿和＿＿＿＿两种。前者是指电流通过人体内部,影响呼吸、心脏和神经系统,造成人体内部组织的＿＿＿＿＿＿,即其对人体的危害是体内的、致命的。它对人体的伤害程度与通过人体的＿＿＿＿、＿＿＿＿、＿＿＿＿及电流性质有关。后者是指由于电流的热效应、化学效应或机械效应对人体所造成的危害,包括烧伤、电烙伤、皮肤金属化等。它对人体的危害一般是体表的、非致命的。

(2) 请搜索信息,在下方区域写出锡焊操作安全规则(至少写出五条)。

_____

_____

_____

(3) 请在下方区域写出电子设计中常用的无源和有源元件,以及使用注意事项。

_____

_____

_____

(4) 电子电路中常用的电阻有＿＿＿＿、＿＿＿＿、＿＿＿＿和＿＿＿＿四种。请写出电阻性负载的欧姆定律公式：＿＿＿＿＿＿＿＿。

(5) 请在下方区域写出电阻色环表示法中各种颜色对应的含义。本项目中电阻 R1 的五环颜色分别是“棕黑黑棕棕”,其阻值及容许误差是多少?

_____

_____

_____

(6) 请查看相关信息,写出稳压块 LM317 的特性、使用参数及使用要点等要素。

_____

_____

_____

(7) 请手工绘制本项目稳压电源工作原理图。

（8）电路中有两个开关二极管和三个电解电容，它们在此的作用是什么？

_____

_____

_____

（9）如果电路不能正常工作，没有直流电压输出或输出电压不可调等状况，试分析可能出现的原因。

_____

_____

_____

1.2 独立工作

（1）请写出本项目直流稳压电源电路中各元器件的作用与检测方法。

_____

_____

_____

（2）请写出本项目元器件检查与确认的方法。

_____

_____

_____

_____

（3）请列出本项目所需工具及检具清单。

_____

_____

_____

1.3 独立/搭档工作：请写出本项目中成本因素及计算方法，并估算项目成本。

_____

_____

_____

2. 计划

2.1 小组汇总，各成员之间分享信息阶段的学习结果，形成小组工作成果。

_____

_____

_____

2.2 请参照相关文件模板，规范绘制直流稳压电源电路图。

2.3 请参考工作计划模板，制订直流稳压电源项目小组工作计划，确认成员分工及计划时间。在下方记录工作要点。

_____

_____

_____

3. 决策

3.1 小组工作：汇报演讲，展示汇报各小组计划结果、工艺方案、工作计划等。

3.2 小组工作：各小组共同决策，进行关键工艺技术方面的检查、决策，按以下要点执行：

序 号	决 策 点	请 决 策	
1	工序完整、科学	是○	否○
2	工位整理已完成	是○	否○
3	工具准备已完成	是○	否○
4	过程记录材料准备已完成	是○	否○
5	材料准备已完成	是○	否○
6	元件检测清查已完成	是○	否○
7	场室使用要求已确认	是○	否○
8	劳动保护已达要求	是○	否○

3.3 小组工作：创新工作思路，思考优化工作项目方案，并在下方记录。

_____

_____

_____

4. 计划实施

4.1 个人/搭档工作：按工作计划实施稳压电源设计方案，关注现场5S与工位整理。记录实施过程中的规范与时间控制要点。

_____

_____

_____

4.2 小组工作：按照计划的方案文件体系，整理归档相关资料。记录更正要点。

_____

_____

_____

4.3　小组工作：工位及现场 5S，按照 5S 标准检查并做好记录。

_____

_____

_____

_____

5. 检查控制

5.1　小组工作：根据项目任务要求，制定项目检查表。

任务六　稳压电源			检查时间：	
序号	技术内容	技 术 标 准	是否完成	未完成的整改措施
1				
2				
3				
4				
5				
6				
7				

5.2　小组工作：检查任务实施情况，填写上表。

5.3　小组工作：检查各小组的工作计划，判断完成的情况。

检 查 项 目	检　查　结　果			需完善点	其　他
工时执行					
5S 执行					
质量成果					
学习投入					
获取知识					
技能水平					
安全、环保					
设备使用					
突发事件					

6. 评价总结

6.1　小组工作：将自己的总结向别的同学介绍，描述收获、问题和改进措施。在一些工作完成不满意的地方,征求意见。

6.2 独立/搭档工作:给自己提出明确的意见,并记录别人给自己的意见,以便完善后续的工作。

6.3 小组工作:完成相应评价表。

任务七　收音机

一、学习情境设计

情境描述	企业任务：你所工作的电子产品企业接到一批直放式收音机的订单。要求使用 MK484 集成电路完成。请根据功能要求学习电子电路及元器件知识，读懂电路图，制定制作收音机的工艺，制订工作计划并实施，最终产品检测后交付。
学习时间	12 学时
学习任务	搜集学习谐振回路、三极管、MK484 等电子技术知识，电子制作安全规范等信息，手绘电路图，撰写稳压电源项目计划并论证；确定所需材料及工、辅、量具清单；演讲汇报，共同决策；工作过程与结果评价总结；注重工作现场 5S 与环境保护；按要求关注安全、环保因素。
能力目标	● 能够接受工作任务，合理搜集并整理电子技术知识信息； ● 能够进行小组合作，制订小组工作计划； ● 能够编写 MK484 直放式收音机功能说明书与制订工作计划； ● 能够培养成本意识，核算工作成本； ● 能够自主学习，与同伴进行技术交流，处理工作过程中的矛盾与冲突； ● 能够考虑安全与环保因素，遵守工位 5S 与安全规范。

二、行为过程设计

工作(学习)行动过程		专 业 能 力		个 人 能 力	
		专业知识	实践技能	社会能力	自我能力
1. 信息	1.1　收集信息，电阻、电容、线圈、MK484 等电子技术知识，理解直放式收音机的设计与安装要点	MK484 模块；电阻、电容等电子技术知识	信息查询及整理策略；触电急救；思维导图等	技术沟通与交流	独立学习
	1.2　整理信息，学习收音机原理图，列出元器件及材料清单，确定安装工具清单	MK484 直放式收音机原理图；元器件及材料清单；工、辅量具清单	焊接技术安全规范等查阅	沟通与交流	独立工作
	1.3　成本估算，确定本项目费用项目，估算各项成本，包括时间与人工成本	成本项目；各因素计算方法；时间、人工成本估算			成本核算

(续表)

工作(学习)行动过程		专 业 能 力		个 人 能 力	
		专业知识	实践技能	社会能力	自我能力
2. 计划	2.1 小组汇总,共同分享信息阶段的学习成果,形成小组工作成果	上述专业知识及术语		团队意识沟通能力	表达、理解能力
	2.2 小组讨论工作任务目标,协调成员分工	收音机资料结构;小组成员角色分工		矛盾处理	整体、全局概念
	2.3 小组讨论制订工作计划,关注时间、角色、合作等因素	工作计划与分工		组织能力	KPI 意识
3. 决策	3.1 各小组展位汇报,共同讨论收音机,相互学习	MK484、电阻、电容、电感三极管的知识点,工具使用,计划制订等知识。用完整的行动过程工作思路判断小组的工作计划与成果		冲突处理	
	3.2 与其他组交流说明书、工作计划对比,并相互讨论,共同决策				比较学习
	3.3 创新工作思路,思考更优的工作项目方案				求精意识
4. 实施	4.1 按决策后的工作计划实施信息收集及说明书编写。注意工作效率、纪律,按时完成任务	企业技术文档的基本规范	项目资料的制作与归档	技术交流	时间管理
	4.2 进行现场 5S,对工作过程进行自我评判总结		5S 工作		节能环保意识
	4.3 小组计时员及监督员发挥合理的作用	观察遵守相关规范的情况			时间管理
5. 检查	5.1 对照项目任务要求,编制检测计划		确定检查标准		自我检查能力
	5.2 根据检测计划,小组自检项目任务的完成情况,并简单总结、记录	任务中常见错误及原因分析: a. 布局不合理; b. 焊接松动; c. 时间管理不合理; d. 不符合安全环保规范	项目工作时突发问题的分析与处理能力	团队合作	
	5.3 检查现场 5S 等执行情况			相互监督遵守规范	规范意识

（续表）

	工作(学习)行动过程		专 业 能 力		个 人 能 力	
			专业知识	实践技能	社会能力	自我能力
6. 评价	6.1	小组项目任务完成过程及结果总结。全班讲解汇报,相互评价	工作过程与能力导向	技术评价;接受建议		
	6.2	完成评价表,自评、小组评、教师评价		完成学习过程的评价		工作结果整理归档
	6.3	查找小组及个人工作成就与不足,制订下一项目改进计划	PDCA	问题导向		技术沟通与交流

三、考核方案设计

通过现场观察、技术对话、查看学生工作页、评价学生学习结果质量检测报告等手段进行成绩考核,成绩比例如下:

工作页	知识学习	小组工作	技术对话	学习结果	总 计
20%	20%	20%	10%	30%	100%

教师需要准备技术对话记录表、行动过程登记表和产品质量检验表,学生需要按照工作页完成本任务的学习,在过程中完成学习工作页,并提交给教师检查。

四、学习条件建议

实训台:电子焊接实训台,1 台/组;

现场测量工具:万用表,示波器,1 套/组;

汇报材料工具:白纸、卡纸、白板、彩笔等,1 套/组;

技术手册:提供相应的技术手册,1 套/组;

现场:工位技术信息张贴处,计划工作台。

五、学生学习工作页设计

学习领域二 电子技术		学习阶段:	
任务七 收音机	学习载体 MK484 直放式收音机	学习时间:	
姓名:	班级:	学号:	
小组名:	组内角色:	其他成员:	

企业性任务描述：你所工作的电子产品企业接到一批直放式收音机的订单。要求使用 MK484 集成电路完成。请根据功能要求学习电子电路及元器件知识，读懂电路图，制定设计收音机的工艺，制订工作计划并实施，最终产品检测后交付。

1. 信息

1.1　独立工作：搜集电子技术安全方面信息，完成以下任务。

（1）直接放大式收音机，就是没有经过变频的收音机，它是由输入调谐回路、＿＿＿＿＿＿、＿＿＿＿＿＿、＿＿＿＿＿＿和信号输出组成。

（2）直放式收音机如何接收电台频率？

（3）直放式收音机如何调台？

（4）试分析 LC 谐振电路。

（5）请写出三极管的功能及在电路中的作用。

（6）请查看相关信息，写出集成电路 MK484 的特性、使用参数及使用要点等要素。

（7）请手工绘制本项目 MK484 直放式收音机工作原理图。

1.2　独立工作

（1）请写出本项目 MK484 直放式收音机电路中各元器件的作用与检测方法。

_____

_____

_____

（2）请写出本项目元器件检查与确认的方法。

_____

_____

_____

（3）请列出本项目所需工具及检具清单。

_____

_____

_____

1.3　独立/搭档工作：请写出本项目中成本因素及计算方法，并估算项目成本。

_____

_____

_____

2. 计划

2.1　小组汇总，各成员之间分享信息阶段的学习结果，形成小组工作成果。

_____

_____

2.2 请参照相关文件模板,规范绘制 MK484 直放式收音机电路图。

_____

_____

_____

2.3 请参考工作计划模板,制订 MK484 直放式收音机项目小组工作计划,确认成员分工及计划时间。在下方记录工作要点。

_____

_____

_____

_____

3. 决策

3.1 小组工作:汇报演讲,展示汇报各小组计划结果、工艺方案、工作计划等。

3.2 小组工作:各小组共同决策,进行关键工艺技术方面的检查、决策,按以下要点执行:

序 号	决 策 点	请 决 策	
1	工序完整、科学	是○	否○
2	工位整理已完成	是○	否○
3	工具准备已完成	是○	否○
4	过程记录材料准备已完成	是○	否○
5	材料准备已完成	是○	否○
6	元件检测清查已完成	是○	否○
7	场室使用要求已确认	是○	否○
8	劳动保护已达要求	是○	否○

3.3 小组工作:创新工作思路,思考优化工作项目方案并记录。

_____

_____

_____

_____

4. 计划实施

4.1 个人/搭档工作：按工作计划实施 MK484 直放式收音机设计方案、工作计划。关注现场 5S 与工位整理。记录实施过程中的规范与时间控制要点。

_____

_____

_____

_____

4.2 小组工作：按照计划的方案文件体系，整理归档相关资料。记录更正要点。

_____

_____

_____

4.3 小组工作：工位及现场 5S，按照 5S 标准检查并做好记录。

_____

_____

_____

_____

5. 检查控制

5.1 小组工作：根据项目任务要求，制定项目检查表。

任务二 MK484 直放式收音机			检查时间：	
序号	技术内容	技 术 标 准	是否完成	未完成的整改措施
1				
2				
3				
4				
5				
6				
7				

5.2 小组工作：检查任务实施情况，填写上表。

5.3 小组工作：检查各小组的工作计划，判断完成的情况。

检 查 项 目	检 查 结 果		需完善点	其 他
工时执行				
5S执行				
质量成果				
学习投入				
获取知识				
技能水平				
安全、环保				
设备使用				
突发事件				

6. 评价总结

6.1 小组工作：将自己的总结向别的同学介绍，描述收获、问题和改进措施。在一些工作完成不满意的地方，征求意见。

_____

_____

_____

6.2 独立/搭档工作：给自己提出明确的意见，并记录别人给自己的意见，以便完善后续的工作。

_____

_____

_____

6.3 小组工作：完成相应评价表。

_____

_____

_____

任务八 双闪灯

一、学习情境设计

情境描述	企业任务：你所工作的电子产品企业接到一批双闪灯的订单。要求使用电位器可以调节灯闪烁的频率。请根据功能要求学习电子电路及元器件知识，读懂电路图，制定制作双闪灯的工艺，制订工作计划并实施，最终产品检测后交付。
学习时间	12学时
学习任务	掌握555定时器各引脚的功能、闪烁的原理及制作调试方法，电子制作安全规范等信息，手绘电路图，撰写双闪灯项目计划并论证；确定所需材料及工、辅、量具清单；演讲汇报，共同决策；工作过程与结果评价总结；注重工作现场5S与环境保护；按要求关注安全、环保因素。
能力目标	• 能够接受工作任务，合理搜集并整理电子技术知识信息； • 能够进行小组合作，制订小组工作计划； • 能够编写双闪灯功能说明书与制订工作计划； • 能够培养成本意识，核算工作成本； • 能够自主学习，与同伴进行技术交流，处理工作过程中的矛盾与冲突； • 能够考虑安全与环保因素，遵守工位5S与安全规范。

二、行为过程设计

工作(学习)行动过程			专 业 能 力		个 人 能 力	
			专业知识	实践技能	社会能力	自我能力
1. 信息	1.1	收集信息，学习电阻、电容、555定时器等电子技术知识，理解双闪灯的设计与安装要点	555定时器、电位器、电容、电位器等电子技术知识	信息查询及整理策略；触电急救；思维导图等	技术沟通与交流	独立学习
	1.2	整理信息，学习双闪灯原理图，列出元器件及材料清单，确定安装工具清单	双闪灯原理图；元器件及材料清单；工、辅量具清单	焊接技术安全规范等查阅	沟通与交流	独立工作
	1.3	成本估算，确定本项目费用项目，估算各项成本，包括时间与人工成本	成本项目；各因素计算方法；时间、人工成本估算			成本核算

工作(学习)行动过程		专 业 能 力		个 人 能 力	
		专业知识	实践技能	社会能力	自我能力
2. 计划	2.1　小组汇总,共同分享信息阶段的学习成果,形成小组工作成果	上述专业知识及术语		团队意识 沟通能力	表达、理解能力
	2.2　小组讨论工作任务目标,协调成员分工	双闪灯资料结构;小组成员角色分工		矛盾处理	整体、全局概念
	2.3　小组讨论制订工作计划,关注时间、角色、合作等因素	工作计划与分工		组织能力	KPI意识
3. 决策	3.1　各小组展位汇报,共同讨论双闪灯,相互学习	555定时器、电位器、电容和、电位器等的知识点,工具使用、计划制订等知识。用完整的行动过程工作思路判断小组的工作计划与成果		冲突处理	
	3.2　与其他组交流说明书、工作计划对比,并相互讨论,共同决策				比较学习
	3.3　创新工作思路,思考更优的工作项目方案				求精意识
4. 实施	4.1　按决策后的工作计划实施信息收集及说明书编写。注意工作效率、纪律,按时完成任务	企业技术文档的基本规范	项目资料的制作与归档	技术交流	时间管理
	4.2　进行现场5S,对工作过程进行自我评判总结		5S工作		节能环保意识
	4.3　小组计时员及监督员发挥合理的作用	观察遵守相关规范的情况			时间管理
5. 检查	5.1　对照项目任务要求,编制检测计划		确定检查标准		自我检查能力
	5.2　根据检测计划,小组自检项目任务的完成情况,并简单总结、记录	任务中常见错误及原因分析: a. 布局不合理; b. 焊接松动; c. 时间管理不合理; d. 不符合安全环保规范	项目工作时突发问题的分析与处理能力	团队合作	
	5.3　检查现场5S等执行情况			相互监督遵守规范	规范意识

（续表）

	工作(学习)行动过程		专 业 能 力		个 人 能 力	
			专业知识	实践技能	社会能力	自我能力
6.评价	6.1	小组项目任务完成过程及结果总结。全班讲解汇报,相互评价	工作过程与能力导向	技术评价;接受建议		
	6.2	完成评价表:自评、小组评,教师评价		完成学习过程的评价		工作结果整理归档
	6.3	查找小组及个人工作成就与不足,制订下一项目改进计划	PDCA	问题导向		技术沟通与交流

三、考核方案设计

通过现场观察、技术对话、查看学生工作页、评价学生学习结果质量检测报告等手段进行成绩考核,成绩比例如下:

工作页	知识学习	小组工作	技术对话	学习结果	总 计
20%	20%	20%	10%	30%	100%

教师需要准备技术对话记录表、行动过程登记表和产品质量检验表,学生需要按照工作页完成本任务的学习,在过程中完成学习工作页,并提供给教师检查。

四、学习条件建议

实训台:电子焊接实训台,1 台/组;

现场测量工具:万用表,示波器,1 套/组;

汇报材料工具:白纸、卡纸、白板、彩笔等,1 套/组;

技术手册:提供相应的技术手册,1 套/组;

现场:工位技术信息张贴处,计划工作台。

五、学生学习工作页设计

学习领域二 电子技术		学习阶段:
任务八 双闪灯	学习载体 双闪灯	学习时间:
姓名:	班级:	学号:
小组名:	组内角色:	其他成员:

企业性任务描述:你所工作的电子产品企业接到一批双闪灯的订单。要求使用电位

器可以调节灯闪烁的频率。请根据功能要求学习电子电路及元器件知识,读懂电路图,制定制作双闪灯的工艺,制订工作计划并实施,最终产品检测后交付。

1. 信息

1.1 独立工作:搜集电子技术安全方面信息,完成以下任务。

(1)请在下方区域写出电阻色环表示法中各种颜色对应的含义。本项目中电阻 R1 的五环颜色分别是"棕黑黑橙棕",其阻值及容许误差是多少?

_____

_____

_____

(2)本电路是一个典型的利用 555 设计的多谐振荡器,调节可变电阻 RP1 可以改变输出的震荡信号的频率,信号从____脚输出一个高低电平,控制 LED1 和 LED2。

(3)从 555 定时器有缺口的一端开始,____时针看,是 1~8 号引脚。

(4)请查看相关信息,写出 555 定时器的特性、引脚功能、使用参数及使用要点等要素。

_____

_____

_____

(5)查阅资料,请在下面画出 555 定时器的内部结构。

_____

(6)请查阅资源,完成下图真值表的填写。

输　　入			输　　出	
引脚 4	引脚 2	引脚 6	放电管 T 及引脚 7	引脚 3
0	×	×		
1	<1/3VCC	<2/3VCC		
1	>1/3VCC	>2/3VCC		
1	>1/3VCC	<2/3VCC		

（7）请手工绘制本项目稳压电源工作原理图。

（8）电路中的瓷片电容 C2，它在此的作用是什么？

_____

_____

_____

（9）如果电路不能正常工作，试分析可能出现的原因。

_____

_____

_____

1.2　独立工作

（1）请写出本项目双闪灯电路中各元器件的作用与检测方法。

_____

_____

_____

（2）请写出本项目元器件检查与确认的方法。

_____

_____

_____

(3) 请列出本项目所需工具及检具清单。

_____

_____

_____

1.3　独立/搭档工作：请写出本项目中成本因素及计算方法，并估算项目成本。

_____

_____

_____

2. 计划

2.1　小组汇总，各成员之间分享信息阶段的学习结果，形成小组工作成果。

_____

_____

_____

2.2　请参照相关文件模板，规范双闪灯电路图。

_____
| |
| |
| |
| |
|_____|

2.3　请参考工作计划模板，制订双闪灯项目小组工作计划，确认成员分工及计划时间。在下方记录工作要点。

_____

_____

_____

_____

3. 决策

3.1 小组工作：汇报演讲,展示汇报各小组计划结果、工艺方案、工作计划等。

3.2 小组工作：各小组共同决策,进行关键工艺技术方面的检查、决策,按以下要点执行：

序　号	决　策　点	请　决　策	
1	工序完整、科学	是〇	否〇
2	工位整理已完成	是〇	否〇
3	工具准备已完成	是〇	否〇
4	过程记录材料准备已完成	是〇	否〇
5	材料准备已完成	是〇	否〇
6	元件检测清查已完成	是〇	否〇
7	场室使用要求已确认	是〇	否〇
8	劳动保护已达要求	是〇	否〇

3.3 小组工作：创新工作思路,思考优化工作项目方案并记录。

_____

_____

_____

4. 计划实施

4.1 个人/搭档工作：按工作计划实施双闪灯设计方案,关注现场 5S 与工位整理。记录实施过程中的规范与时间控制要点。

_____

_____

_____

4.2 小组工作：按照计划的方案文件体系,整理归档相关资料。记录更正要点。

_____

_____

_____

4.3 小组工作：工位及现场 5S,按照 5S 标准检查并做好记录。

_____

_____

_____

_____

5. 检查控制

5.1 小组工作：根据项目任务要求，制定项目检查表。

任务八 双闪灯			检查时间：	
序号	技术内容	技 术 标 准	是否完成	未完成的整改措施
1				
2				
3				
4				
5				
6				
7				

5.2 小组工作：检查任务实施情况，填写上表。

5.3 小组工作：检查各小组的工作计划，判断完成的情况。

检查项目	检 查 结 果			需完善点	其 他
工时执行					
5S执行					
质量成果					
学习投入					
获取知识					
技能水平					
安全、环保					
设备使用					
突发事件					

6. 评价总结

6.1 小组工作：将自己的总结向别的同学介绍，描述收获、问题和改进措施。在一些工作完成不满意的地方，征求意见。

_____

_____

_____

6.2　独立/搭档工作：给自己提出明确的意见，并记录别人给自己的意见，以便完善后续的工作。

_____

_____

_____

6.3　小组工作：完成相应评价表。

_____

_____

_____

学习领域三

传感器技术

☞ 知识点　传感器

人类借助感觉器官从外界获取各类信息,而机器则借助传感器来研究自然现象及其规律。为了适应各种各样的情况,人们在日常生活和生产过程中,主要依靠检测技术对信息通过获取、筛选和传输,来实现自动控制。目前我国已将检测技术列入优先发展的科学技术之一。

本教材中通过 YL335B 自动化生产线主要介绍光电传感器、光纤传感器、电感传感器、位置传感器、限位开关、磁性开关等的相关传感器基础知识。

除此之外传感器还应用在工作生活中的其他方方面面,如:

1. 电子秤

人们在称重物体重量时,会选择使用电子秤。电子秤属于电阻应变片称重传感器(见图 3-1),电阻应变片是电子秤的核心部分,其结构如图 3-2 所示。以金属材料为转换元件的电阻应变片,其转换原理是基于金属电阻丝的电阻应变效应。

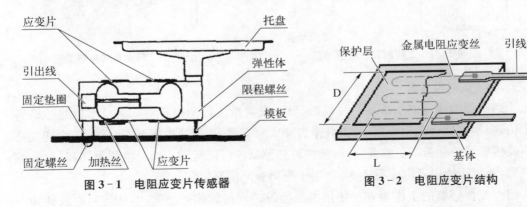

图 3-1　电阻应变片传感器　　　　　图 3-2　电阻应变片结构

2. 烤箱

烤箱温控器属于温度传感器。当预热某种食物需要达到所需温度时,温度传感器就会在规定时间内将食物加热完成。按传感器的材料及电子元件特性主要分为热电阻、热敏电阻和热电偶传感器,其结构如图 3-3 所示。

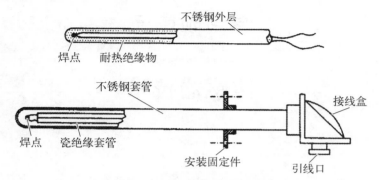

图 3-3 热电偶传感器典型结构

两种不同的导体两端合成回路,当两个结合点的温度不同时,在回路中就会产生电动势,这种现象称为热电效应,其电动势称为热电势,热电偶就是利用这种原理进行温度的测量。

在现代工作中,常用三种接线方式:二线制、三线制和四线制(见图 3-4)。

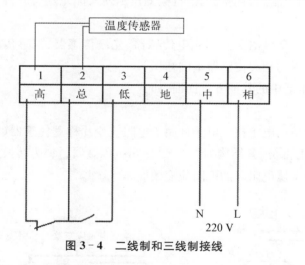

图 3-4 二线制和三线制接线

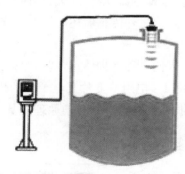

图 3-5 超声波传感器原理

3. 水位监测报警器

当遇到暴雨或者洪水暴发的时候,一般会设立水位监测报警器。一旦水位超过最高设定值,报警器就会发出警报声,由此来告知大家有危险,尽快撤离至安全地带,而这就是超声波传感器的功劳了。除此之外,超声波传感器还可以应用于探测透明物体和材料、控制张力、测量距离以及汽车行业等,常用于距离和液位测量。

超声波传感器的工作原理是使用换能器发送和接收超声波脉冲,从该超声波脉冲中获取有关物体接近度的信息从而使得超声波测量到物体的距离的仪器,其原理如图 3-5 所示。

4. 自动门

当进出大厦、酒店、商场这类楼宇时,经常需要自动开门和关门的动作,而这主要运用了控制感应的一类传感器,它可以通过微波或者红外感应实现了门开关的自动控制。主要用于电梯、自动门、旋转门、快速卷帘门等。

红外线传感器工作原理是能以非接触式形式检测人体中辐射出的红外线能量变化,并将此变化转换成电压信号输出,其原理如图3-6所示。

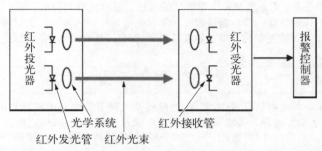

图 3-6　红外传感器原理

5. 照相机

这是一种利用光学成像原理形成影像并使用底片记录影像的设备。利用光学传感器来捕捉图像,并能够获得较高清晰的成像效果。其中包含一个特殊半导体器件——CCD(电荷耦合器件的简称),它上面有很多相同的光感元件。照相机里的每一个感光元件叫一个像素,传感器在照相机里是一个极其重要的部件,它主要起到将光线换成电信号的作用,类似于人的眼睛。其原理如图3-7所示。光学传感器广泛应用于航天、航空、机械、电力、交通、冶金、石油、建筑、生物、医院等领域。

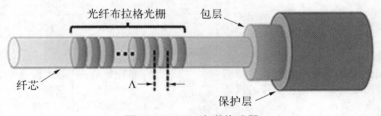

图 3-7　FBG 光学传感器

传感器的品种远不止上述所介绍的这些,常用的传感器还有压电式传感器、电容式传感器、气敏电阻传感器、电涡流传感器、湿敏电阻传感器、霍尔传感器等。

时代在不断变化,传感器的种类也在不断更新,应用领域也越来越多。科技不断发展的脚步给我们的生活、工作和学习增添了一笔多姿的色彩。人类已经置身于信息化的时代,传感器技术的极大发展,影响着生活的各个方面。

任务九 传送带

一、学习情境设计

情境描述	企业任务：企业接到传送带调试的项目。要求货物到位后，传送带能正常运行，并进行相应的计数功能。请根据功能要求学习光电元件、光电效应、测量转换电路等光电传感器基本知识和传送带的合理安装及其调试，制订工作计划并实施，最终完成传送项目并验收、交付。
学习时间	12 学时
学习任务	搜集学习光电效应、光电元件、测量转换电路等传感器的基础知识，调试及注意事项等信息，手绘光电开关接线图，撰写传送带项目计划并论证；确定所需材料及工、辅、量具清单；演讲汇报，共同决策；工作过程与结果评价总结；注重工作现场 5S 与环境保护；按要求关注安全、环保因素。
能力目标	● 能够接受工作任务，合理搜集并整理传感器的基础知识信息； ● 能够进行小组合作，制订小组工作计划； ● 能够编写光电传感器功能说明书与制订工作计划； ● 能够培养成本意识，核算工作成本； ● 能够自主学习，与同伴进行技术交流，处理工作过程中的矛盾与冲突； ● 能够考虑安全与环保因素，遵守工位 5S 与安全规范。

二、行动过程设计

工作(学习)行动过程		专 业 能 力		个 人 能 力	
		专业知识	实践技能	社会能力	自我能力
1. 信息	1.1 收集信息，学习光电效应、光电元件、测量转换电路等相关传感器基础知识，理解传送带的设计与安装要点	光电效应；光电元件；光电测量系统组成框图等	信息查询及整理策略；触电急救；思维导图等	技术沟通与交流	独立学习
	1.2 整理信息，熟悉光电传感器(以下简称光电开关)接线图，列出光电元件及材料清单，确定安装工具清单	光电开关接线图；光电元件及材料清单；工、辅量具清单	传感器安全规范等查阅	沟通与交流	独立工作
	1.3 成本估算，确定本项目费用项目，估算各项成本，包括时间与人工成本	成本项目；各因素计算方法；时间、人工成本估算			成本核算

（续表）

工作(学习)行动过程		专 业 能 力		个 人 能 力	
		专业知识	实践技能	社会能力	自我能力
2. 计划	2.1 小组汇总,共同分享信息阶段的学习成果,形成小组工作成果	上述专业知识及术语		团队意识沟通能力	表达、理解能力
	2.2 小组讨论工作任务目标,协调成员分工	传送带项目资料结构;小组成员角色分工		矛盾处理	整体、全局概念
	2.3 小组讨论制订工作计划,关注时间、角色、合作等因素	工作计划与分工		组织能力	KPI 意识
3. 决策	3.1 各小组展位汇报,共同讨论供料机构,相互学习	光电传感器知识,传送带安装图、元器件选用要点、工具使用、计划等知识。用完整的行动过程工作思路判断小组的工作计划与成果		冲突处理	
	3.2 与其他组交流说明书、工作计划对比,并相互讨论,共同决策				比较学习
	3.3 创新工作思路,思考更优的工作项目方案				求精意识
4. 实施	4.1 按决策后的工作计划实施信息收集及说明书开发。注意工作效率、纪律,按时完成任务	企业技术文档的基本规范	项目资料的制作与归档	技术交流	时间管理
	4.2 进行现场 5S,对工作过程进行自我评判总结		5S 工作		节能环保意识
	4.3 小组计时员及监督员发挥合理的作用	观察遵守相关规范的情况			时间管理
5. 检查	5.1 对照项目任务要求,编制检测计划		确定检查标准		自我检查能力
	5.2 根据检测计划,小组自检项目任务的完成情况,并简单总结、记录	项目任务中常见错误及原因分析: a. 信息不充分; b. 安装工艺规范不全面; c. 时间管理不合理; d. 不符合安全环保规范	项目工作时突发问题的分析与处理能力	团队合作	
	5.3 检查现场 5S 等执行情况			相互监督遵守规范	规范意识

（续表）

工作(学习)行动过程		专 业 能 力		个 人 能 力	
		专业知识	实践技能	社会能力	自我能力
6. 评价	6.1 小组项目任务完成过程及结果总结。全班讲解汇报,相互评价	工作过程与能力导向	技术评价;接受建议		
	6.2 完成评价表:自评、小组评,教师评价		完成学习过程的评价		工作结果整理归档
	6.3 查找小组及个人工作成就与不足,制订下一项目改进计划	PDCA	问题导向		技术沟通与交流

三、考核方案设计

通过现场观察、技术对话、查看学生工作页、评价学生学习结果质量检测报告等手段进行成绩考核,成绩比例如下:

工作页	知识学习	小组工作	技术对话	学习结果	总 计
20%	20%	20%	10%	30%	100%

教师需要准备技术对话记录表、行动过程登记表和产品质量检验表,学生需要按照工作页完成本任务的学习,在过程中完成学习工作页,并提交给教师检查。

四、学习条件建议

实训台:YL335B实训台,1台/组;

汇报材料工具:白纸、卡纸、白板、彩笔等,1套/组;

技术手册:提供相应的技术手册,1套/组;

现场:工位技术信息张贴处,计划工作台。

五、学生学习工作页设计

学习领域三　传感器技术			学习阶段:
任务十 传送带	学习载体 YL335B分拣单元		学习时间:
姓名:	班级:		学号:
小组名:	组内角色:		其他成员:

企业性任务描述:企业接到传送带调试的项目。要求货物到位后,传送带能正常运行,并进行相应的计数功能。请根据功能要求学习光电元件、光电效应、测量转换电路等

光电传感器基本知识和传送带的合理安装及其调试,制订工作计划并实施,最终完成传送项目并验收、交付。

1. 信息

1.1 独立工作:搜集传送带安全方面信息,完成以下任务。

(1) 传感器是一种能感受规定的_____,并按照一定的_____转换成_____的器件或装置。

(2) 请搜索信息,在下方区域写出传送带使用中的注意事项(至少写出五条)。

_____

_____

_____

_____

(3) 请在下方区域写出传送带调试过程中光电传感器的作用及其使用注意事项。

_____

_____

_____

_____

(4) 光电式接近开关简称_____,是利用_____,用以_____和_____等的传感器。

(5) 请在下方区域写出依据被测物、光源、光电元件三者之间的关系,并绘制光电测量系统组成框图。

_____

(6) 光电开关主要由_____和_____构成。如果_____的光线因检测物体不同而被_____,到达_____的量将会发生变化。按照_____的不同、_____。

(7) 请查看相关信息,描述本项目光电传感器的工作原理。

_____

（8）请写出光电开关的类型，并说明本项目光电开关的选用。

（9）请手工绘制本项目光电开关 MHT15 - N2317 型号的实物接线图。

1.2 独立工作

（1）请列出本传送带安装所需工具及检具清单。

（2）请手绘本项目传送带安装图，并标出相应位置。

（3）请写出本项目传送带调试步骤。

_____

_____

_____

1.3 独立/搭档工作：请写出本项目中成本因素及计算方法，并估算项目成本。

_____

_____

_____

2. 计划

2.1 小组汇总，各成员之间分享信息阶段的学习结果，形成小组工作成果。

_____

_____

_____

2.2 请参照相关文件模板，规范绘制传送带工作原理图。

2.3 请参考工作计划模板，制订传送带调试小组工作计划，确认成员分工及计划时间。在下方记录工作要点。

_____

_____

_____

3. 决策

3.1   小组工作：汇报演讲，展示汇报各小组计划结果、工艺方案、工作计划等。

3.2   小组工作：各小组共同决策，进行关键工艺技术方面的检查、决策，按以下要点执行：

序　号	决　策　点	请　决　策	
1	工序完整、科学	是〇	否〇
2	工位整理已完成	是〇	否〇
3	工具准备已完成	是〇	否〇
4	过程记录材料准备已完成	是〇	否〇
5	材料准备已完成	是〇	否〇
6	元件检测清查已完成	是〇	否〇
7	场室使用要求已确认	是〇	否〇
8	劳动保护已达要求	是〇	否〇

3.3   小组工作：创新工作思路，思考优化工作项目方案。

_____

_____

_____

4. 计划实施

4.1   个人/搭档工作：按工作计划实施传送带，调试设计方案、工作计划。关注现场 5S 与工位整理。记录实施过程中的规范与时间控制要点。

_____

_____

_____

4.2   小组工作：按照计划的方案文件体系，整理归档相关资料。记录更正要点。

_____

_____

_____

4.3   小组工作：工位及现场 5S，按照 5S 标准检查并做好记录。

_____
_____
_____
_____

5. 检查控制

5.1 小组工作：根据项目任务要求，制定项目检查表。

任务九 传送带			检查时间：	
序号	技术内容	技 术 标 准	是否完成	未完成的整改措施
1				
2				
3				
4				
5				
6				
7				

5.2 小组工作：检查任务实施情况，填写上表。

5.3 小组工作：检查各小组的工作计划，判断完成的情况。

检查项目	检查结果			需完善点	其 他
工时执行					
5S 执行					
质量成果					
学习投入					
获取知识					
技能水平					
安全、环保					
设备使用					
突发事件					

6. 评价总结

6.1 小组工作：将自己的总结向别的同学介绍，描述收获、问题和改进措施。在一些工作完成不满意的地方，征求意见。

6.2   独立/搭档工作：给自己提出明确的意见，并记录别人给自己的意见，以便完善后续的工作。

6.3   小组工作：完成相应评价表。

任务十 分拣单元

一、学习情境设计

情境描述	企业任务：你所工作的企业接到分类不同材料的订单。要求把不同材料进行分类,并通过光纤传感器来启动变频器使得传送带正常运行,工件开始被传动并进行分拣。请根据功能要求学习变频器、光纤传感器和电感式接近开关的相关知识,制订工作计划并实施,最终完成分拣金属材料的项目并验收、交付。
学习时间	12学时
学习任务	搜集学习光纤传感器、电感式接近开关、变频器等基础知识,调试及注意事项等信息,手绘相关电路图,撰写分拣金属项目计划并论证;确定所需材料及工、辅、量具清单;演讲汇报,共同决策;工作过程与结果评价总结;注重工作现场5S与环境保护;按要求关注安全、环保因素。
能力目标	● 能够接受工作任务,合理搜集并整理自动检测与转换技术知识信息; ● 能够进行小组合作,制订小组工作计划; ● 能够编写光电传感器功能说明书与制订工作计划; ● 能够培养成本意识,核算工作成本; ● 能够自主学习,与同伴进行技术交流,处理工作过程中的矛盾与冲突; ● 能够考虑安全与环保因素,遵守工位5S与安全规范。

二、行动过程设计

工作(学习)行动过程		专 业 能 力		个 人 能 力	
		专业知识	实践技能	社会能力	自我能力
1. 信息	1.1 收集信息,学习光纤传感器、电感传感器(以下称为电感式接近开关)、变频器等相关知识,理解分拣装置的设计与安装要点	光纤传感器;变频器;电感式接近开关等	信息查询及整理策略;触电急救;思维导图等	技术沟通与交流	独立学习
	1.2 整理信息,熟悉变频器接线图,列出型号及材料清单,确定安装工具清单	变频器接线图;型号及材料清单;工、辅量具清单	电路安全规范等查阅	沟通与交流	独立工作
	1.3 成本估算,确定本项目费用项目,估算各项成本,包括时间与人工成本	成本项目;各因素计算方法;时间、人工成本估算			成本核算

（续表）

工作(学习)行动过程			专 业 能 力		个 人 能 力	
			专业知识	实践技能	社会能力	自我能力
2. 计划	2.1	小组汇总，共同分享信息阶段的学习成果，形成小组工作成果	上述专业知识及术语		团队意识 沟通能力	表达、理解能力
	2.2	小组讨论工作任务目标，协调成员分工	分拣单元资料结构；小组成员角色分工		矛盾处理	整体、全局概念
	2.3	小组讨论制订工作计划，关注时间、角色、合作等因素	工作计划与分工		组织能力	KPI 意识
3. 决策	3.1	各小组展位汇报，共同讨论分拣单元安装图，相互学习	电感式接近开关和光纤传感器的知识，变频器参数设置、传感器选用要点、工具使用、计划等知识。用完整的行动过程工作思路判断小组的工作计划与成果		冲突处理	
	3.2	与其他组交流说明书、工作计划对比，并相互讨论，共同决策				比较学习
	3.3	创新工作思路，思考更优的工作项目方案				求精意识
4. 实施	4.1	按决策后的工作计划实施信息收集及说明书开发。注意工作效率、纪律，按时完成任务	企业技术文档的基本规范	项目资料的制作与归档	技术交流	时间管理
	4.2	进行现场 5S，对工作过程进行自我评判总结		5S 工作		节能环保意识
	4.3	小组计时员及监督员发挥合理的作用	观察遵守相关规范的情况			时间管理
5. 检查	5.1	对照项目任务要求，编制检测计划		确定检查标准		自我检查能力
	5.2	根据检测计划，小组自检项目任务的完成情况，并简单总结、记录	项目任务中常见错误及原因分析：a. 信息不充分；b. 安装工艺规范不全面；c. 时间管理不合理；d. 不符合安全环保规范	项目工作时突发问题的分析与处理能力	团队合作	
	5.3	检查现场 5S 等执行情况			相互监督遵守规范	规范意识

(续表)

工作(学习)行动过程		专业能力		个人能力	
		专业知识	实践技能	社会能力	自我能力
6. 评价	6.1 小组项目任务完成过程及结果总结。全班讲解汇报,相互评价	工作过程与能力导向	技术评价;接受建议		
	6.2 完成评价表:自评、小组评,教师评价		完成学习过程的评价		工作结果整理归档
	6.3 查找小组及个人工作成就与不足,制订下一项目改进计划	PDCA	问题导向		技术沟通与交流

三、考核方案设计

通过现场观察、技术对话、查看学生工作页、评价学生学习结果质量检测报告等手段进行成绩考核,成绩比例如下:

工作页	知识学习	小组工作	技术对话	学习结果	总　计
20%	20%	20%	10%	30%	100%

教师需要准备技术对话记录表、行动过程登记表和产品质量检验表,学生需要按照工作页完成本任务的学习,在过程中完成学习工作页,并提交给教师检查。

四、学习条件建议

实训台:YL335B 实训台,1 台/组;

汇报材料工具:白纸、卡纸、白板、彩笔等,1 套/组;

技术手册:提供相应的技术手册,1 套/组;

现场:工位技术信息张贴处,计划工作台。

五、学生学习工作页设计

学习领域三　传感器技术		学习阶段:
任务十 分拣单元	学习载体 YL335B 分拣单元	学习时间:
姓名:	班级:	学号:
小组名:	组内角色:	其他成员:

企业性任务描述:企业接到分类不同材料的订单。要求把不同材料进行分类,并通过光纤传感器来启动变频器使得传送带正常运行,工件开始被传动并进行分拣。请根据

功能要求学习变频器、光纤传感器和电感接近开关的知识,制订工作计划并实施,最终完成分拣金属材料的项目并验收、交付。

1. 信息

1.1　独立工作：搜集传感器技术方面信息,完成以下任务。

(1) 传感器由_____、_____和_____三部分组成。

(2) 请搜索信息,在下方区域写出电感式接近开关安装的注意事项(至少写出五条)。

_____

_____

_____

_____

(3) 请在下方区域写出分拣单元中电感式接近开关的工作原理及其图形符号。

_____

_____

_____

_____

(4) 电感式接近开关由三大部分组成：_____,_____,_____。

(5) 请在下方区域绘制电感式接近开关安装距离说明图。

(6) 电感式接近开关按外形分类主要有_____,_____,_____;YB-335B 分拣单元上采用_____的电感式接近开关,用于检测工件是否为_____工件。

(7) 请查看相关信息,描述本项目 E3Z-NA11 型光纤传感器工作原理。

_____

_____

（8）请手工绘制本项目 E3Z－NA11 型光纤传感器电路接线图。

（9）请描述本项目 E3Z－NA11 型光纤传感器的优点。

1.2　独立工作

（1）请写出各种变频器参数的设置。

（2）请手绘本项目 G120C 变频器接线图。

（3）请列出本项目所需工具及检具清单。

_____

_____

_____

_____

1.3　独立/搭档工作：请写出本项目中成本因素及计算方法，并估算项目成本。

_____

_____

_____

_____

2. 计划

2.1　小组汇总，各成员之间分享信息阶段的学习结果，形成小组工作成果。

_____

_____

_____

_____

2.2　请参照相关文件模板，规范绘制分拣单元的安装图。

_____

2.3　请参考工作计划模板，制订分拣金属材料项目小组工作计划，确认成员分工及计划时间。在下方记录工作要点。

_____

_____

_____

_____

3. 决策

3.1　小组工作：汇报演讲，展示汇报各小组计划结果、工艺方案、工作计划等。

3.2　小组工作：各小组共同决策，进行关键工艺技术方面的检查、决策，按以下要点执行：

序　号	决　策　点	请　决　策	
1	工序完整、科学	是○	否○
2	工位整理已完成	是○	否○
3	工具准备已完成	是○	否○
4	过程记录材料准备已完成	是○	否○
5	材料准备已完成	是○	否○
6	元件检测清查已完成	是○	否○
7	场室使用要求已确认	是○	否○
8	劳动保护已达要求	是○	否○

3.3　小组工作：创新工作思路，思考优化工作项目方案。

4. 计划实施

4.1　个人/搭档工作：按工作计划实施分拣单元设计方案，关注现场5S与工位整理。记录实施过程中的规范与时间控制要点。

4.2　小组工作：按照计划的方案文件体系，整理归档相关资料。记录更正要点。

4.3　小组工作：工位及现场5S，按照5S标准检查并做好记录。

_____

_____

_____

_____

5. 检查控制

5.1　小组工作：根据项目任务要求，制定项目检查表。

任务十　分拣单元			检查时间：	
序号	技术内容	技 术 标 准	是否完成	未完成的整改措施
1				
2				
3				
4				
5				
6				
7				

5.2　小组工作：检查任务实施情况，填写上表。

5.3　小组工作：检查各小组的工作计划，判断完成的情况。

检查项目	检 查 结 果		需完善点	其 他
工时执行				
5S 执行				
质量成果				
学习投入				
获取知识				
技能水平				
安全、环保				
设备使用				
突发事件				

6. 评价总结

6.1　小组工作：将自己的总结向别的同学介绍，描述收获、问题和改进措施。在一些工作完成不满意的地方，征求意见。

_____

_____

_____

　　6.2　独立/搭档工作：给自己提出明确的意见，并记录别人给自己的意见，以便完善后续的工作。

_____

_____

_____

　　6.3　小组工作：完成相应评价表。

_____

_____

_____

_____

任务十一　输送单元

一、学习情境设计

情境描述	企业任务：你所工作的企业接到测试设备传送工件的订单。要求其他各工作单元已经就位，并且供料单元的出料台上放置了工件，输送单元的机械手将其抓取、输送到其他单元上。请根据功能要求学习位置传感器、限位开关、磁性开关等相关知识，读懂工作原理图，制订工作计划并实施，最终完成测试设备传送工件的项目，并验收、交付。
学习时间	12 学时
学习任务	搜集学习位置传感器、限位开关、磁性开关等相关知识，调试及注意事项等信息，手绘相关电路图，撰写测试设备传送工件项目计划并论证；确定所需材料及工、辅、量具清单；演讲汇报，共同决策；工作过程与结果评价总结；注重工作现场 5S 与环境保护；按要求关注安全、环保因素。
能力目标	● 能够接受工作任务，合理搜集并整理传感器知识信息； ● 能够进行小组合作，制订小组工作计划； ● 能够编写输送单元功能说明书与制订工作计划； ● 能够培养成本意识，核算工作成本； ● 能够自主学习，与同伴进行技术交流，处理工作过程中的矛盾与冲突； ● 能够考虑安全与环保因素，遵守工位 5S 与安全规范。

二、行动过程设计

工作（学习）行动过程		专 业 能 力		个 人 能 力	
		专业知识	实践技能	社会能力	自我能力
1. 信息	1.1 收集信息，学习位置传感器（又称为原点位置传感器）、限位开关、磁性开关等传感器基础知识，理解输送单元的设计与安装要点	位置传感器；限位开关；磁性开关等	信息查询及整理策略；触电急救；思维导图等	技术沟通与交流	独立学习
	1.2 整理信息，熟悉输送单元机械部件的装配图，列出元器件及材料清单，确定安装工具清单	输送单元机械部件的装配图；元器件及材料清单；工、辅量具清单	机械安装安全规范等查阅	沟通与交流	独立工作
	1.3 成本估算，确定本项目费用项目，估算各项成本，包括时间与人工成本	成本项目；各因素计算方法；时间、人工成本估算			成本核算

工作(学习)行动过程		专 业 能 力		个 人 能 力	
		专业知识	实践技能	社会能力	自我能力
2. 计划	2.1　小组汇总,共同分享信息阶段的学习成果,形成小组工作成果	上述专业知识及术语		团队意识 沟通能力	表达、理解能力
	2.2　小组讨论工作任务目标,协调成员分工	输送单元资料结构;小组成员角色分工		矛盾处理	整体、全局概念
	2.3　小组讨论制订工作计划,关注时间、角色、合作等因素	工作计划与分工		组织能力	KPI意识
3. 决策	3.1　各小组展位汇报,共同讨论输送单元结构,相互学习	传感器基础知识,位置传感器、限位开关、磁性开关、辅助元件、工具使用、计划等知识。用完整的行动过程工作思路判断小组的工作计划与成果		冲突处理	
	3.2　与其他组交流说明书、工作计划对比,并相互讨论,共同决策				比较学习
	3.3　创新工作思路,思考更优的工作项目方案				求精意识
4. 实施	4.1　按决策后的工作计划实施信息收集及说明书编写。注意工作效率、纪律,按时完成任务	企业技术文档的基本规范	项目资料的制作与归档	技术交流	时间管理
	4.2　进行现场5S,对工作过程进行自我评判总结		5S工作		节能环保意识
	4.3　小组计时员及监督员发挥合理的作用	观察遵守相关规范的情况			时间管理
5. 检查	5.1　对照项目任务要求,编制检测计划		确定检查标准		自我检查能力
	5.2　根据检测计划,小组自检项目任务的完成情况,并简单总结、记录	任务中常见错误及原因分析: a. 信息不充分; b. 安装工艺规范不全面; c. 时间管理不合理; d. 不符合安全环保规范	项目工作时突发问题的分析与处理能力	团队合作	
	5.3　检查现场5S等执行情况			相互监督 遵守规范	规范意识

（续表）

工作(学习)行动过程		专 业 能 力		个 人 能 力	
		专业知识	实践技能	社会能力	自我能力
6. 评价	6.1 小组项目任务完成过程及结果总结。全班讲解汇报,相互评价	工作过程与能力导向	技术评价;接受建议		
	6.2 完成评价表:自评、小组评,教师评价		完成学习过程的评价		工作结果整理归档
	6.3 查找小组及个人工作成就与不足,制订下一项目改进计划	PDCA	问题导向		技术沟通与交流

三、考核方案设计

通过现场观察、技术对话、查看学生工作页、评价学生学习结果质量检测报告等手段进行成绩考核,成绩比例如下:

工作页	知识学习	小组工作	技术对话	学习结果	总　计
20%	20%	20%	10%	30%	100%

教师需要准备技术对话记录表、行动过程登记表和产品质量检验表,学生需要按照工作页完成本任务的学习,在过程中完成学习工作页,并提交给教师检查。

四、学习条件建议

实训台:YL335B 实训台,1 台/组;

汇报材料工具:白纸、卡纸、白板、彩笔等,1 套/组;

技术手册:提供相应的技术手册,1 套/组;

现场:工位技术信息张贴处,计划工作台。

五、学生学习工作页设计

学习领域三　传感器技术		学习阶段:
任务十一 输送单元	学习载体 YL335B 输送单元	学习时间:
姓名:	班级:	学号:
小组名:	组内角色:	其他成员:

企业性任务描述:你所工作的企业接到测试设备传送工件的订单。要求其他各工作单元已经就位,并且供料单元的出料台上放置了工件,输送单元的机械手将其抓取、输送

到其他单元上。请根据功能要求学习位置传感器、限位开关、磁性开关等相关知识，读懂工作原理图，制订工作计划并实施，最终完成测试设备传送工件的项目，并验收、交付。

1. 信息

1.1 独立工作：搜集传感器技术方面信息，完成以下任务。

(1) 传感器测量转换电路的作用是将传感元件输出的_____转换成_____、_____或_____。

(2) 位置传感器又称为原点位置传感器，还可以称为_____，可以用来_____，反映某种状态的_____。位置传感器主要分为_____和_____两种。

(3) 位置传感器是指安装在特定位置上的传感器功能类型，请收集常用位置传感器的类型。

_____
_____
_____
_____

(4) 限位开关又称为_____，限位开关的作用是实现_____、_____和_____的检测。本设备中的限位开关用于控制抓取机械手的行程和限位保护。

(5) 请绘制限位开关在电路中的符号。

(6) 在 YL335B 自动化生产线中，直线导轨上的抓取机械手装置能实现_____、_____、_____和_____4 个自由度运动。完成以上这些功能需磁性开关来检测_____，即_____。

(7) 抓取机械手装置整体安装在直线运动传动组件的滑动溜板上，在传动组件带动下整体做_____，定位到_____，然后完成_____的功能。

（8）请绘本项目磁性开关的实物接线图。

（9）根据抓取机械手实物安装过程,请写出其相应的安装步骤。

_____

_____

_____

1.2 独立工作

（1）请列出本输送单元所需工具及检具清单。

_____

_____

_____

（2）请写出本输送单元直线运动组件的安装步骤。

_____

_____

_____

（3）请写出本输送单元单站运行的功能调试方法。

_____

_____

_____

_____

1.3　独立/搭档工作：请写出本项目中成本因素及计算方法，并估算项目成本。

_____

_____

_____

_____

2. 计划

2.1　小组汇总，各成员之间分享信息阶段的学习结果，形成小组工作成果。

_____

_____

_____

_____

2.2　请参照相关文件模板，规范绘制输送单元直线运动组件的安装图。

2.3　请参考工作计划模板，制订输送单元测试设备传送工件小组工作计划，确认成员分工及计划时间。在下方记录工作要点。

_____

_____

_____

_____

3. 决策

3.1　小组工作：汇报演讲，展示汇报各小组计划结果、工艺方案、工作计划等。

3.2　小组工作：各小组共同决策，进行关键工艺技术方面的检查、决策，按以下要点执行：

序　号	决　策　点	请　决　策	
1	工序完整、科学	是○	否○
2	工位整理已完成	是○	否○
3	工具准备已完成	是○	否○
4	过程记录材料准备已完成	是○	否○
5	材料准备已完成	是○	否○
6	元件检测清查已完成	是○	否○
7	场室使用要求已确认	是○	否○
8	劳动保护已达要求	是○	否○

3.3　小组工作：创新工作思路，思考优化工作项目方案。

_____

_____

_____

4. 计划实施

4.1　个人/搭档工作：按工作计划实施输送单元测试设备传送工件设计方案，关注现场 5S 与工位整理。记录实施过程中的规范与时间控制要点。

_____

_____

_____

4.2　小组工作：按照计划的方案文件体系，整理归档相关资料。记录更正要点。

_____

_____

_____

4.3　小组工作：工位及现场 5S，按照 5S 标准检查并做好记录。

_____

_____

_____

5. 检查控制

5.1　小组工作：根据项目任务要求，制定项目检查表。

任务十一　输送单元			检查时间：	
序号	技术内容	技　术　标　准	是否完成	未完成的整改措施
1				
2				
3				
4				
5				
6				
7				

5.2　小组工作：检查任务实施情况，填写上表。

5.3　小组工作：检查各小组的工作计划，判断完成的情况。

检查项目	检　查　结　果		需完善点	其　他
工时执行				
5S执行				
质量成果				
学习投入				
获取知识				
技能水平				
安全、环保				
设备使用				
突发事件				

6. 评价总结

6.1　小组工作：将自己的总结向别的同学介绍，描述收获、问题和改进措施。在一些工作完成不满意的地方，征求意见。

6.2   独立/搭档工作：给自己提出明确的意见，并记录别人给自己的意见，以便完善后续的工作。

_____

_____

_____

6.3   小组工作：完成相应评价表。

_____

_____

_____

学习领域四

气动技术

知识点1 气动技术应用

我们在日常工作和生活中经常见到的各种机器,如机床、汽车等通常都是由原动机、传动装置和工作机构三部分组成,如图4-1所示。其中传动装置最常见的类型有机械传动、电力传动和流体传动。流体传动是以受压的流体为工作介质对能量进行转换、传递、控制和分配,分为气压传动和液压传动。

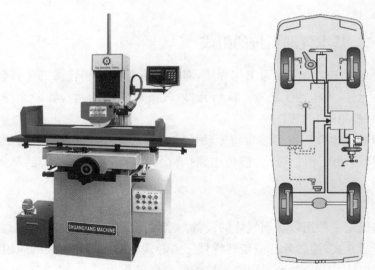

图4-1 气动技术在机床与汽车上的应用

气压传动技术简称"气动技术",是一门涉及压缩空气流动规律的科学技术。气动技术不仅被用来完成简单的机械动作,而且在促进自动化的发展中起着极为重要的作用。从20世纪50年代起,气动技术不仅用于做功,而且发展到检测和数据处理。传感器、过程控制器和执行器的发展导致了气动控制系统的产生。

近年来,随着电子技术、计算机与通信技术的发展及各种气动组件的性价比进一步提

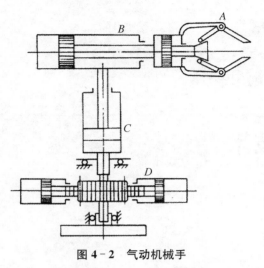

图 4 - 2　气动机械手

高,气动控制系统的先进性与复杂性也有了进一步发展,在自动化控制领域起着越来越重要的作用。

气动技术可使气动执行组件依工作需要做直线运动、摆动和旋转运动。气动系统的工作介质是压缩空气。压缩空气的用途极其广泛,从用低压空气来测量人体眼球内部的液体压力、气动机械手焊接(见图 4 - 2)到气动压力机和使混凝土粉碎的气钻等,几乎遍及各个领域。在工业中的典型应用如下:

(1) 材料输送(夹紧、位移、定位与定向)、分类、转动、包装与计量、排列、打印与堆置;

(2) 机械加工(钻、车削、铣、锯、成品精加工、成形加工、质量控制);

(3) 设备的控制、驱动、进给予压力加工;

(4) 工件的点焊、铆接、喷漆、剪切;

(5) 气动机器人;

(6) 牙钻。

知识点 2　基本气动系统的组成

气压传动是以压缩空气作为工作介质,对能量进行传递和转换的一种传动方式。气动系统由动力元件(气压发生装置)、执行元件(气缸或气动马达)、辅助元件(气源处理元件)、控制元件(控制阀)组成。

工作原理是通过气压发生装置将原动机输出的机械能转变为空气的压力能,利用管路、各种控制阀及辅助元件将压力能传送到执行元件,再转换成机械能,从而完成直线运动或回转运动,并对外做功。

1. 动力元件

空气压缩机是一种用以压缩气体的设备。空气压缩机与水泵构造类似。大多数空气压缩机是往复活塞式,旋转叶片或旋转螺杆。离心式压缩机是非常大的应用程序。

空气压缩机(空压机)的种类很多。按工作原理可分为三大类:容积型、动力型(速度型或透平型)、热力型压缩机。按润滑方式可分为无油空压机和机油润滑空压机。按性能可分为低噪声、可变频、防爆等空压机。

2. 执行元件

气压传动中将压缩气体的压力能转换为机械能的气动执行元件(见图 4 - 4)。气缸有做往复直线运动的和做往复摆动两种类型。做往复直线运动的气缸又可分为单作用气缸、双作用气缸、膜片式气缸和冲击气缸。

图 4-3 空气压缩机

(1) 单作用气缸:仅一端有活塞杆,从活塞一侧供气聚能产生气压,气压推动活塞产生推力伸出,靠弹簧或自重返回。

(2) 双作用气缸:从活塞两侧交替供气,在一个或两个方向输出力。

(3) 膜片式气缸:用膜片代替活塞,只在一个方向输出力,用弹簧复位。它的密封性能好,但行程短。

(4) 冲击气缸:这是一种新型元件。它能把压缩气体的压力转换为活塞高速(10~20米/秒)的动能,借以做功。

图 4-4 气动执行元件

3. 控制元件

在气压传动和控制系统中,气动控制元件是用来控制和调节压缩空气的压力、流量、流动方向,使气动执行机构获得必要的作用力、动作速度和改变运动方向,并按规定的程序工作。控制元件按作用可分为方向控制阀、流量控制阀和压力控制阀三大类。

电磁换向阀是气动控制元件中最主要的元件(见图 4-5)。按动作方式分有直动式和先导式;按密封形式分有间隙密封和弹性密封;按所用电源分有直流电磁换向阀和交流电磁换向阀。直动式电磁换向阀是利用电磁力直接推动阀杆(阀芯)换向。先导式电磁阀是由小型直动式电磁阀和大型气控换向阀构成。

图 4-5　电磁换向阀

在气动系统中,经常要求控制气动执行元件的运动速度,这是靠调节压缩空气的流量来实现的。用来控制气体流量的阀,称为流量控制阀。流量控制阀是通过改变阀的通流截面积来实现流量控制的元件,它包括节流阀、单向节流阀、排气节流阀等。节流阀是依靠改变阀的通流面积来调节流量的。单向节流阀是由单向阀和节流阀组合而成的,常用于控制气缸的运动速度,也称为速度控制阀。

压力控制阀是用来控制气动系统中压缩空气的压力的,满足各种压力需求或用于节能。压力控制阀有减压阀、顺序阀和安全阀(溢流阀)三种。

减压阀的作用是将较高的输入压力调到规定(较低)的输出压力,并能保持输出压力稳定,且不受流量变化及气源压力波动的影响。减压阀的调压方式有直动式和先导式两大类。当减压阀的输出压力较高或通径较大时,用调压弹簧直接调压,则弹簧刚度必然过大,流量变化时,输出压力波动较大,阀的结构尺寸也将增大。为了克服以上缺点,可采用先导式减压阀。

任务十二 供料机构

一、学习情境设计

情境描述	企业任务：你所工作的企业接到供料机构的订单。要求将放置在料仓中的工件（原料）自动地推出到出料台上，以便输送单元的机械手将其抓取、输送到其他单元上。请根据功能要求学习气动技术相关知识，读懂气动原理图，制定制作供料机构气路的安装工艺，制订工作计划并实施，最终产品检测后交付。
学习时间	12 学时
学习任务	搜集学习空气压缩机、气缸、单向节流阀、换向阀、辅助元件等气动技术知识，气动元件安装规范等信息，手绘气动原理图，撰写供料机构计划并论证；确定所需材料及工、辅、量具清单；演讲汇报，共同决策；工作过程与结果评价总结；注重工作现场 5S 与环境保护；按要求关注安全、环保因素。
能力目标	● 能够接受工作任务，合理搜集并整理气动技术知识信息； ● 能够进行小组合作，制订小组工作计划； ● 能够编写供料机构功能说明书与制订工作计划； ● 能够培养成本意识，核算工作成本； ● 能够自主学习，与同伴进行技术交流，处理工作过程中的矛盾与冲突； ● 能够考虑安全与环保因素，遵守工位 5S 与安全规范。

二、行动过程设计

工作（学习）行动过程		专 业 能 力		个 人 能 力	
		专业知识	实践技能	社会能力	自我能力
1. 信息	1.1 收集信息，学习空气压缩机、气缸、单向节流阀、换向阀、辅助元件等气动技术知识，理解供料机构的设计与安装要点	空气压缩机；气缸；单向节流阀；换向阀等	信息查询及整理策略；触电急救；思维导图等	技术沟通与交流	独立学习
	1.2 整理信息，熟悉供料机构气动原理图，列出元器件及材料清单，确定安装工具清单	供料机构气动原理图；元器件及材料清单；工、辅量具清单	气动技术安全规范等查阅	沟通与交流	独立工作
	1.3 成本估算，确定本项目费用项目，估算各项成本，包括时间与人工成本	成本项目；各因素计算方法；时间、人工成本估算			成本核算

工作(学习)行动过程			专 业 能 力		个 人 能 力	
			专业知识	实践技能	社会能力	自我能力
2. 计划	2.1	小组汇总，共同分享信息阶段的学习成果，形成小组工作成果	上述专业知识及术语		团队意识 沟通能力	表达、理解能力
	2.2	小组讨论工作任务目标，协调成员分工	根据供料机构结构，小组成员角色分工		矛盾处理	整体、全局概念
	2.3	小组讨论制订工作计划，关注时间、角色、合作等因素	工作计划与分工		组织能力	KPI意识
3. 决策	3.1	各小组展位汇报，共同讨论供料机构，相互学习	气动技术基础知识，空气压缩机、气缸、单向节流阀、换向阀、辅助元件等知识。用完整的行动过程工作思路判断小组的工作计划与成果		冲突处理	
	3.2	与其他组交流说明书、工作计划对比，并相互讨论，共同决策				比较学习
	3.3	创新工作思路，思考更优的工作项目方案				求精意识
4. 实施	4.1	按决策后的工作计划实施信息收集及说明书编写。注意工作效率、纪律，按时完成任务	企业技术文档的基本规范	项目资料的制作与归档	技术交流	时间管理
	4.2	进行现场5S，对工作过程进行自我评判总结		5S工作		节能环保意识
	4.3	小组计时员及监督员发挥合理的作用	观察遵守相关规范的情况			时间管理
5. 检查	5.1	对照项目任务要求，编制检测计划		确定检查标准		自我检查能力
	5.2	根据检测计划，小组自检项目任务的完成情况，并简单总结、记录	项目任务中常见错误及原因分析： a. 信息不充分； b. 气动工艺规范不全面； c. 时间管理不合理； d. 不符合安全环保规范	项目工作时突发问题的分析与处理能力	团队合作	
	5.3	检查现场5S等执行情况			相互监督遵守规范	规范意识

（续表）

工作(学习)行动过程		专 业 能 力		个 人 能 力	
		专业知识	实践技能	社会能力	自我能力
6. 评价	6.1 小组项目任务完成过程及结果总结。全班讲解汇报,相互评价	工作过程与能力导向	技术评价;接受建议		
	6.2 完成评价表:自评、小组评,教师评价		完成学习过程的评价		工作结果整理归档
	6.3 查找小组及个人工作成就与不足,制订下一项目改进计划	PDCA	问题导向		技术沟通与交流

三、考核方案设计

通过现场观察、技术对话、查看学生工作页、评价学生学习结果质量检测报告等手段进行成绩考核,成绩比例如下:

工作页	知识学习	小组工作	技术对话	学习结果	总　计
20%	20%	20%	10%	30%	100%

教师需要准备技术对话记录表、行动过程登记表和产品质量检验表,学生需要按照工作页完成本任务的学习,在过程中完成学习工作页,并提交给教师检查。

四、学习条件建议

实训台:YL335B实训台,1台/组;

汇报材料工具:白纸、卡纸、白板、彩笔等,1套/组;

技术手册:提供相应的技术手册,1套/组;

现场:工位技术信息张贴处,计划工作台。

五、学生学习工作页设计

学习领域四　气动技术		学习阶段:
任务十二 供料机构	学习载体 YL335B供料单元	学习时间:
姓名:	班级:	学号:
小组名:	组内角色:	其他成员:

企业性任务描述:你所工作的企业接到供料机构的订单。要求将放置在料仓中的工件(原料)自动地推出到出料台上,以便输送单元的机械手将其抓取、输送到其他单元上。

请根据功能要求学习气动技术相关知识,读懂气动原理图,制定供料机构气路的安装工艺,制订工作计划并实施,最终产品检测后交付。

1. 信息

1.1 独立工作:搜集气动技术方面信息,完成以下任务。

(1) 气动系统由_____、_____、_____、_____等四部分组成。

(2) 自动化实现的主要方式有_____、_____、_____、_____等。任何一种方式都不是万能的,在对实际生产设备、生产线进行自动化设计和改造时,必须对各种技术进行比较,扬长避短,选出最适合的方式或几种方式的组合,以使设备更简单、更经济,工作更可靠、更安全。

(3) 空气压缩机是一种用以压缩气体的设备。空气压缩机与水泵构造类似,请收集常用空气压缩机的类型。

_____

_____

_____

(4) 在气动技术中,将_____、_____、_____三种气源处理元件组装在一起称为气动三联件,用来过滤净化气源及减压至仪表供给额定的气源压力,相当于电路中的电源变压器的功能。

(5) 气压传动中将压缩气体的压力能转换为机械能的气动执行元件。气缸有两种类型:_____和_____。

(6) 节流阀是通过改变节流截面或节流长度以控制流体流量的阀门。将节流阀和单向阀并联则可组合成_____。节流阀和单向节流阀是简易的流量控制阀,在定量泵液压系统中,节流阀和溢流阀配合,可组成三种节流调速系统,即_____、_____和_____。节流阀没有流量负反馈功能,不能补偿由负载变化所造成的速度不稳定,一般仅用于负载变化不大或对速度稳定性要求不高的场合。

(7) 气动控制系统中辅助元件有哪些?

_____

_____

_____

(8) 请绘制三位四通电磁换向阀气动符号。

_____

_____

(9) 试设计供料机构的气动原理图。

1.2 独立工作

(1) 请列出本供料机构所需工具及检具清单。

(2) 请写出本供料机构气动系统气路安装步骤。

(3) 请写出本供料机构气动系统气路调试方法。

1.3 独立/搭档工作：请写出本项目中成本因素及计算方法，并估算项目成本。

2. 计划

2.1 小组汇总,各成员之间分享信息阶段的学习结果,形成小组工作成果。

2.2 请参照相关文件模板,规范绘制供料机构气动原理图。

2.3 请参考工作计划模板,制订供料机构气动系统小组工作计划,确认成员分工及计划时间。在下方记录工作要点。

3. 决策

3.1 小组工作:汇报演讲,展示汇报各小组计划结果、工艺方案、工作计划等。

3.2 小组工作:各小组共同决策,进行关键工艺技术方面的检查、决策,按以下要点执行:

序 号	决 策 点	请 决 策	
1	工序完整、科学	是○	否○
2	工位整理已完成	是○	否○
3	工具准备已完成	是○	否○

(续表)

序　号	决　策　点	请　决　策	
4	过程记录材料准备已完成	是〇	否〇
5	材料准备已完成	是〇	否〇
6	元件检测清查已完成	是〇	否〇
7	场室使用要求已确认	是〇	否〇
8	劳动保护已达要求	是〇	否〇

3.3　小组工作：创新工作思路，思考优化工作项目方案。

_____

_____

_____

4. 计划实施

4.1　个人/搭档工作：按工作计划实施供料机构气动系统设计方案，关注现场5S与工位整理。记录实施过程中的规范与时间控制要点。

_____

_____

_____

4.2　小组工作：按照计划的方案文件体系，整理归档相关资料。记录更正要点。

_____

_____

_____

4.3　小组工作：工位及现场5S，按照5S标准检查并做好记录。

_____

_____

_____

5. 检查控制

5.1　小组工作：根据项目任务要求，制定项目检查表。

任务十二　供料机构			检查时间：	
序号	技术内容	技　术　标　准	是否完成	未完成的整改措施
1				
2				
3				
4				
5				
6				
7				

5.2　小组工作：检查任务实施情况，填写上表。

5.3　小组工作：检查各小组的工作计划，判断完成的情况。

检查项目	检　查　结　果			需完善点	其　他
工时执行					
5S执行					
质量成果					
学习投入					
获取知识					
技能水平					
安全、环保					
设备使用					
突发事件					

6. 评价总结

6.1　小组工作：将自己的总结向别的同学介绍，描述收获、问题和改进措施。在一些工作完成不满意的地方，征求意见。

_____

_____

_____

6.2　独立/搭档工作：给自己提出明确的意见，并记录别人给自己的意见，以便完善后续的工作。

6.3　小组工作：完成相应评价表。

任务十三　冲压机构

一、学习情境设计

情境描述	企业任务：你所工作的企业接到冲压机构的订单。要求将机械手抓取来的工件，放置在冲压台进行冲压工艺。请根据功能要求学习气动技术相关知识，读懂气动原理图，制定制作冲压机构气路的安装工艺，制订工作计划并实施，最终产品检测后交付。
学习时间	12学时
学习任务	搜集学习空气压缩机、气缸、单向节流阀、换向阀、辅助元件等气动技术知识，气动元件安装规范等信息，手绘气动原理图，撰写冲压机构计划并论证；确定所需材料及工、辅、量具清单；演讲汇报，共同决策；工作过程与结果评价总结；注重工作现场5S与环境保护；按要求关注安全、环保因素。
能力目标	● 能够接受工作任务，合理搜集并整理气动技术知识信息； ● 能够进行小组合作，制订小组工作计划； ● 能够编写冲压机构功能说明书与制订工作计划； ● 能够培养成本意识，核算工作成本； ● 能够自主学习，与同伴进行技术交流，处理工作过程中的矛盾与冲突； ● 能够考虑安全与环保因素，遵守工位5S与安全规范。

二、行动过程设计

	工作(学习)行动过程		专　业　能　力		个　人　能　力	
			专业知识	实践技能	社会能力	自我能力
1. 信息	1.1	收集信息，学习空气压缩机、气缸、单向节流阀、换向阀、辅助元件等气动技术知识，理解冲压机构的设计与安装要点	空气压缩机；气缸；单向节流阀；换向阀等	信息查询及整理策略；触电急救；思维导图等	技术沟通与交流	独立学习
	1.2	整理信息，熟悉冲压机构气动原理图，列出元器件及材料清单，确定安装工具清单	冲压机构气动原理图；元器件及材料清单；工、辅量具清单	气动技术安全规范等查阅	沟通与交流	独立工作
	1.3	成本估算，确定本项目费用项目，估算各项成本，包括时间与人工成本	成本项目；各因素计算方法；时间、人工成本估算			成本核算

（续表）

工作(学习)行动过程		专 业 能 力		个 人 能 力	
		专业知识	实践技能	社会能力	自我能力
2. 计划	2.1 小组汇总,共同分享信息阶段的学习成果,形成小组工作成果	上述专业知识及术语		团队意识沟通能力	表达、理解能力
	2.2 小组讨论工作任务目标,协调成员分工	根据冲压机构结构,小组成员角色分工		矛盾处理	整体、全局概念
	2.3 小组讨论制订工作计划,关注时间、角色、合作等因素	工作计划与分工		组织能力	KPI意识
3. 决策	3.1 各小组展位汇报,共同讨论冲压机构,相互学习	气动技术基础知识,空气压缩机、气缸、单向节流阀、换向阀、辅助元件等知识。用完整的行动过程工作思路判断小组的工作计划与成果		冲突处理	
	3.2 与其他组交流说明书、工作计划对比,并相互讨论,共同决策				比较学习
	3.3 创新工作思路,思考更优的工作项目方案				求精意识
4. 实施	4.1 按决策后的工作计划实施信息收集及说明书开发。注意工作效率、纪律,按时完成任务	企业技术文档的基本规范	项目资料的制作与归档	技术交流	时间管理
	4.2 进行现场5S,对工作过程进行自我评判总结		5S工作		节能环保意识
	4.3 小组计时员及监督员发挥合理的作用	观察遵守相关规范的情况			时间管理
5. 检查	5.1 对照项目任务要求,编制检测计划		确定检查标准		自我检查能力
	5.2 根据检测计划,小组自检项目任务的完成情况,并简单总结、记录	任务中常见错误及原因分析:a. 信息不充分;b. 气动工艺规范不全面;c. 时间管理不合理;d. 不符合安全环保规范	项目工作时突发问题的分析与处理能力	团队合作	
	5.3 检查现场5S等执行情况			相互监督遵守规范	规范意识

（续表）

工作(学习)行动过程		专 业 能 力		个 人 能 力	
		专业知识	实践技能	社会能力	自我能力
6. 评价	6.1　小组项目任务完成过程及结果总结。全班讲解汇报,相互评价	工作过程与能力导向	技术评价;接受建议		
	6.2　完成评价表:自评、小组评,教师评价		完成学习过程的评价		工作结果整理归档
	6.3　查找小组及个人工作成就与不足,制订下一项目改进计划	PDCA	问题导向		技术沟通与交流

三、考核方案设计

通过现场观察、技术对话、查看学生工作页、评价学生学习结果质量检测报告等手段进行成绩考核,成绩比例如下:

工作页	知识学习	小组工作	技术对话	学习结果	总　计
20%	20%	20%	10%	30%	100%

教师需要准备技术对话记录表、行动过程登记表和产品质量检验表,学生需要按照工作页完成本任务的学习,在过程中完成学习工作页,并提交给教师检查。

四、学习条件建议

实训台:YL335B实训台,1台/组;

汇报材料工具:白纸、卡纸、白板、彩笔等,1套/组;

技术手册:提供相应的技术手册,1套/组;

现场:工位技术信息张贴处,计划工作台。

五、学生学习工作页设计

学习领域四　气动技术			学习阶段
任务十三 冲压机构	学习载体 YL335B供料单元		学习时间:
姓名:	班级:		学号:
小组名:	组内角色:		其他成员:

企业性任务描述:你所工作的企业接到冲压机构的订单。要求将机械手抓取来的工件,放置在冲压台进行冲压工艺。请根据功能要求学习气动技术相关知识,读懂气动原理

图,制定制作冲压机构气路的安装工艺,制订工作计划并实施,最终产品检测后交付。

1. 信息

1.1 独立工作:搜集气动技术方面信息,完成以下任务。

(1) 在气压传动和控制系统中,气动控制元件是用来控制和调节压缩空气的_____、_____、_____、_____,使气动执行机构获得必要的作用力、动作速度和改变运动方向,并按规定的程序工作。

(2) 一种在气缸活塞上装有磁环(永久磁铁),在气缸的缸筒外侧直接装有磁性行程开关,利用磁性行程开关来检测气缸活塞位置的气缸称为_____。

(3) 空气压缩机是一种用以压缩气体的设备,请说明空气压缩机的工作原理。

_____

_____

_____

(4) 气源处理三联件在气动系统中作用显著,请分别说明其作用。

_____

_____

_____

(5) 压力控制阀是用来控制气动系统中压缩空气的压力的,满足各种压力需求或用于节能。压力控制阀有_____、_____、_____三种。

(6) 单向顺序阀是由_____与_____并联组合而成。它依靠气路中压力的作用而控制执行元件的顺序动作。

(7) 气动控制系统中选用气缸的主要依据是什么?

_____

_____

_____

(8) 请绘制单向节流阀换向阀气动符号。

_____

_____

_____

(9) 试设计冲压机构的气动原理图。

1.2 独立工作

（1）请列出本冲压机构所需工具及检具清单。

_____

_____

_____

（2）请写出本冲压机构气动系统气路安装步骤。

_____

_____

_____

（3）请写出本冲压机构气动系统气路调试方法。

_____

_____

_____

1.3 独立/搭档工作：请写出本项目中成本因素及计算方法，并估算项目成本。

_____

_____

_____

2. 计划

2.1 小组汇总，各成员之间分享信息阶段的学习结果，形成小组工作成果。

_____

_____

_____

2.2 请参照相关文件模板,规范绘制冲压机构气动原理图。

_____

2.3 请参考工作计划模板,制订冲压机构气动系统小组工作计划,确认成员分工及计划时间。在下方记录工作要点。

_____

_____

_____

3. 决策

3.1 小组工作:汇报演讲,展示汇报各小组计划结果、工艺方案、工作计划等。

3.2 小组工作:各小组共同决策,进行关键工艺技术方面的检查、决策,按以下要点执行:

序　号	决　策　点	请　决　策	
1	工序完整、科学	是○	否○
2	工位整理已完成	是○	否○
3	工具准备已完成	是○	否○
4	过程记录材料准备已完成	是○	否○
5	材料准备已完成	是○	否○
6	元件检测清查已完成	是○	否○
7	场室使用要求已确认	是○	否○
8	劳动保护已达要求	是○	否○

3.3　小组工作：创新工作思路，思考优化工作项目方案。

_____

_____

_____

_____

4. 计划实施

4.1　个人/搭档工作：按工作计划实施冲压机构气动系统设计方案，关注现场 5S 与工位整理。记录实施过程中的规范与时间控制要点。

_____

_____

_____

_____

4.2　小组工作：按照计划的方案文件体系，整理归档相关资料。记录更正要点。

_____

_____

_____

_____

4.3　小组工作：工位及现场 5S，按照 5S 标准检查并做好记录。

_____

_____

_____

_____

5. 检查控制

5.1　小组工作：根据项目任务要求，制定项目检查表。

任务十三　冲压机构			检查时间：	
序号	技术内容	技　术　标　准	是否完成	未完成的整改措施
1				
2				
3				
4				
5				

任务十三 冲压机构			检查时间:	
序号	技术内容	技 术 标 准	是否完成	未完成的整改措施
6				
7				

5.2 小组工作:检查任务实施情况,填写上表。

5.3 小组工作:检查各小组的工作计划,判断完成的情况。

检查项目	检 查 结 果			需完善点	其 他
工时执行					
5S执行					
质量成果					
学习投入					
获取知识					
技能水平					
安全、环保					
设备使用					
突发事件					

6. 评价总结

6.1 小组工作:将自己的总结向别的同学介绍,描述收获、问题和改进措施。在一些工作完成不满意的地方,征求意见。

_____

_____

_____

6.2 独立/搭档工作:给自己提出明确的意见,并记录别人给自己的意见,以便完善后续的工作。

_____

_____

_____

6.3　小组工作：完成相应评价表。

_____

_____

_____

_____

任务十四　装配机构

一、学习情境设计

情境描述	企业任务：你所工作的企业接到装配机构的订单。要求使用机械手将料仓中的物料通过旋转气缸与装配台物料进行选择性的装配工艺。请根据功能要求学习气动技术相关知识，读懂气动原理图，制定制作装配机构气路的安装工艺，制订工作计划并实施，最终产品检测后交付。
学习时间	12 学时
学习任务	搜集学习空气压缩机、气缸、单向节流阀、换向阀、辅助元件等气动技术知识，气动元件安装规范等信息，手绘气动原理图，撰写装配机构计划并论证；确定所需材料及工、辅、量具清单；演讲汇报，共同决策；工作过程与结果评价总结；注重工作现场 5S 与环境保护；按要求关注安全、环保因素。
能力目标	● 能够接受工作任务，合理搜集并整理气动技术知识信息； ● 能够进行小组合作，制订小组工作计划； ● 能够编写装配机构功能说明书与制订工作计划； ● 能够培养成本意识，核算工作成本； ● 能够自主学习，与同伴进行技术交流，处理工作过程中的矛盾与冲突； ● 能够考虑安全与环保因素，遵守工位 5S 与安全规范。

二、行动过程设计

工作(学习)行动过程		专 业 能 力		个 人 能 力	
		专业知识	实践技能	社会能力	自我能力
1. 信息	1.1　收集信息，学习空气压缩机、气缸、单向节流阀、换向阀、辅助元件等气动技术知识，理解装配机构的设计与安装要点	空 气 压 缩机；气缸；单向节流阀；换向阀等	信息查询及整理策略；触电急救；思维导图等	技术沟通与交流	独立学习
	1.2　整理信息，熟悉装配机构气动原理图，列出元器件及材料清单，确定安装工具清单	装配机构气动原理图；元器件及材料清单；工、辅量具清单	气动技术安全规范等查阅	沟通与交流	独立工作
	1.3　成本估算，确定本项目费用项目，估算各项成本，包括时间与人工成本	成本项目；各因素计算方法；时间、人工成本估算			成本核算

（续表）

工作(学习)行动过程		专业能力		个人能力	
		专业知识	实践技能	社会能力	自我能力
2. 计划	2.1 小组汇总,共同分享信息阶段的学习成果,形成小组工作成果	上述专业知识及术语		团队意识沟通能力	表达、理解能力
	2.2 小组讨论工作任务目标,协调成员分工	根据装配机构结构,小组成员角色分工		矛盾处理	整体、全局概念
	2.3 小组讨论制订工作计划,关注时间、角色、合作等因素	工作计划与分工		组织能力	KPI 意识
3. 决策	3.1 各小组展位汇报,共同讨论装配机构,相互学习	气动技术基础知识,空气压缩机、气缸、单向节流阀、换向阀、辅助元件等知识。用完整的行动过程工作思路判断小组的工作计划与成果		冲突处理	比较学习
	3.2 与其他组交流说明书、工作计划对比,并相互讨论,共同决策				
	3.3 创新工作思路,思考更优的工作项目方案				求精意识
4. 实施	4.1 按决策后的工作计划实施信息收集及说明书编写。注意工作效率、纪律,按时完成任务	企业技术文档的基本规范	任务资料的制作与归档	技术交流	时间管理
	4.2 进行现场 5S,对工作过程进行自我评判总结		5S 工作		节能环保意识
	4.3 小组计时员及监督员发挥合理的作用	观察遵守相关规范的情况			时间管理
5. 检查	5.1 对照项目任务要求,编制检测计划		确定检查标准		自我检查能力
	5.2 根据检测计划,小组自检项目任务的完成情况,并简单总结、记录	任务中常见错误及原因分析: a. 信息不充分; b. 气动工艺规范不全面; c. 时间管理不合理; d. 不符合安全环保规范	任务工作时突发问题的分析与处理能力	团队合作	
	5.3 检查现场 5S 等执行情况			相互监督遵守规范	规范意识

（续表）

工作(学习)行动过程			专业能力		个人能力	
			专业知识	实践技能	社会能力	自我能力
6.评价	6.1	小组项目任务完成过程及结果总结。全班讲解汇报,相互评价	工作过程与能力导向	技术评价;接受建议		
	6.2	完成评价表:自评、小组评,教师评价		完成学习过程的评价		工作结果整理归档
	6.3	查找小组及个人工作成就与不足,制订下一项目改进计划	PDCA	问题导向		技术沟通与交流

三、考核方案设计

通过现场观察、技术对话、查看学生工作页、评价学生学习结果质量检测报告等手段进行成绩考核,成绩比例如下:

工作页	知识学习	小组工作	技术对话	学习结果	总 计
20％	20％	20％	10％	30％	100％

教师需要准备技术对话记录表、行动过程登记表和产品质量检验表,学生需要按照工作页完成本任务的学习,在过程中完成学习工作页,并提交给教师检查。

四、学习条件建议

实训台:YL335B 实训台,1 台/组;

汇报材料工具:白纸、卡纸、白板、彩笔等,1 套/组;

技术手册:提供相应的技术手册,1 套/组;

现场:工位技术信息张贴处,计划工作台。

五、学生学习工作页设计

学习领域四　气动技术		学习阶段:	
任务十四 装配机构	学习载体 YL335B供料单元	学习时间:	
姓名:	班级:	学号:	
小组名:	组内角色:	其他成员:	

企业性任务描述:你所工作的企业接到装配机构的订单。要求使用机械手将料仓中的物料通过旋转气缸与装配台物料进行选择性的装配工艺。请根据功能要求学习气动技

术相关知识,读懂气动原理图,制定制作装配机构气路的安装工艺,制订工作计划并实施,最终产品检测后交付。

1. 信息

1.1   独立工作:搜集气动技术方面信息,完成以下任务。

(1) 气动系统是通过气压发生装置将原动机输出的_____能转变为空气的_____能,利用管路、各种控制阀及辅助元件将压力能传送到执行元件,再转换成机械能,从而完成直线运动或回转运动,并对外做功。

(2) 气爪是一种变形气缸,可以实现各种_____功能,是气动机械手中的重要部件,常在搬运、传送工件的机构中,用来抓取、抬放物体,从而将物体从一点移到另一点。

(3) 摆动气缸特点与应用有哪些?

_____

_____

_____

(4) 普通双作用气缸有杆腔进气、无杆腔排气时的理论拉力怎么计算?

_____

_____

_____

(5) 按阀内气流的流通方向,方向控制阀可分为_____和_____两大类。

(6) 减压阀的作用是将较高的输入压力调到规定(较低)的输出压力,并能保持输出压力稳定,且不受_____及_____的影响。

(7) 有一气缸推动工件在水平导轨上运动,已知工件和运动件的质量 m=250 kg,工件与导轨间的摩擦系数 μ=0.25,气缸行程 s 为 300 mm,动作时间为 1.2 s,工作压力 P=0.4 MPa,试选定缸径 D。

_____

_____

_____

(8) 流量控制阀选用应考虑哪些因素?

_____

_____

（9）试设计装配机构的气动原理图。

1.2　独立工作

（1）请列出本装配机构所需工具及检具清单。

（2）请写出本装配机构气动系统气路安装步骤。

（3）请写出本装配机构气动系统气路调试方法。

1.3　独立/搭档工作：请写出本项目中成本因素及计算方法，并估算项目成本。

2. 计划

2.1 小组汇总,各成员之间分享信息阶段的学习结果,形成小组工作成果。

2.2 请参照相关文件模板,规范绘制装配机构气动原理图。

2.3 请参考工作计划模板,制订装配机构气动系统小组工作计划,确认成员分工及计划时间。在下方记录工作要点。

3. 决策

3.1 小组工作:汇报演讲,展示汇报各小组计划结果、工艺方案、工作计划等。

3.2 小组工作:各小组共同决策,进行关键工艺技术方面的检查、决策,按以下要点执行:

序 号	决 策 点	请 决 策	
1	工序完整、科学	是○	否○
2	工位整理已完成	是○	否○

（续表）

序　号	决　策　点	请　决　策	
3	工具准备已完成	是〇	否〇
4	过程记录材料准备已完成	是〇	否〇
5	材料准备已完成	是〇	否〇
6	元件检测清查已完成	是〇	否〇
7	场室使用要求已确认	是〇	否〇
8	劳动保护已达要求	是〇	否〇

3.3　小组工作：创新工作思路，思考优化工作项目方案。

_____

_____

_____

4. 计划实施

4.1　个人/搭档工作：按工作计划实施装配机构气动系统设计方案，关注现场5S与工位整理。记录实施过程中的规范与时间控制要点。

_____

_____

_____

4.2　小组工作：按照计划的方案文件体系，整理归档相关资料。记录更正要点。

_____

_____

_____

4.3　小组工作：工位及现场5S，按照5S标准检查并做好记录。

_____

_____

_____

5. 检查控制

5.1   小组工作：根据项目任务要求，制定项目检查表。

任务十四 装配机构			检查时间：	
序号	技术内容	技 术 标 准	是否完成	未完成的整改措施
1				
2				
3				
4				
5				
6				
7				

5.2   小组工作：检查任务实施情况，填写上表。

5.3   小组工作：检查各小组的工作计划，判断完成的情况。

检 查 项 目	检 查 结 果	需完善点	其 他
工时执行			
5S 执行			
质量成果			
学习投入			
获取知识			
技能水平			
安全、环保			
设备使用			
突发事件			

6. 评价总结

6.1   小组工作：将自己的总结向别的同学介绍，描述收获、问题和改进措施。在一些工作完成不满意的地方，征求意见。

_____

_____

_____

_____

6.2　独立/搭档工作：给自己提出明确的意见，并记录别人给自己的意见，以便完善后续的工作。

_____

_____

_____

6.3　小组工作：完成相应评价表。

_____

_____

_____

学习领域五

可编程控制器技术

可编程序控制器结合了接触器控制和计算机技术,是一种不断发展完善的自动控制装置,其编程简单、使用方便、通用性强、可靠性高、体积小、易于维护,在自动控制领域的应用十分广泛。现已从小规模的单机顺序控制发展到过程控制、运动控制等诸多领域。本书的任务会涉及基本指令的应用、顺序控制的思想,以下介绍将为完成任务提供思路。

知识点 1　基本指令

1. 输入输出继电器

输入继电器(X):八进制数表示,是 PLC 外部用户输入设备连接的接口单元,用以接收输入设备发出的输入信号。输入继电器的线圈与 PLC 输入端子相连,由外部开关驱动。

输出继电器(Y):八进制数表示,是 PLC 外部用户输出设备连接的接口单元,用来将PLC 输出信号传送给输出模块,再由输出模块驱动外部负载。

PLC 的输入、输出继电器有无数对常开、常闭触点可以调用。

2. 辅助继电器(M)

用软件实现,不能直接接收外部输入信号,也不能直接驱动外部负载,相当于中间继电器。其中 M0 - M499 为普通用途,M500 - M3071 为停电保持型,M8000 - M8255 为特殊用途继电器。

3. 定时器

线圈得电,经延时对应触点动作,分为四种类型。使用时可采用十进制常数 K 作为定时设定,设定值乘以对应继电器类型可得到定时时间。

100 ms 型,可用时间继电器为 T0 - T199;

10 ms 型,可用时间继电器为 T200 - T245;

1 ms 积算型,可用时间继电器为 T246 - T249;

100 ms 积算型,可用时间继电器为 T250 - T255。

4. 计数器

用来对内部信号 X、Y、M、S 等计数,分为四种类型。使用时可采用十进制常数 K 作为计数设定,普通型设定值在 K1 - K32。

16 位普通增计数器:可用计数器为 C0 - C99;

16 位停电保持增计数器:可用计数器为 C100 - C199;

32 位普通增减计数器:可用计数器为 C200 - C219;

32 位停电保持增减计数器:可用计数器为 C220 - C234。

5. 取、线圈驱动指令

LD 取指令,每一行第一个与母线相连的常开触点,在分支起点处也可使用;

LDI 取反指令,用法同 LD 只是 LDI 是对常闭触点;

目标元件:X、Y、M、T、C,占一步程序步;

OUT 线圈驱动指令,对 Y、M 使用时占一步程序步;对特殊 M 使用时占二步程序步;对 T 使用时占三步程序步;对 C 使用时占三到五步程序步。

基本指令应用如图 5-1 所示。

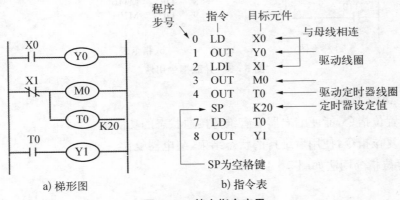

a) 梯形图　　　　b) 指令表

图 5-1　基本指令应用

6. 串联指令

AND 与指令,用于单个常开触点的串联;

ANI 与非指令,用于单个常闭触点的串联,

串联指令使用时占一步程序步,适用于 X、Y、M、T、C 等。

串联指令用法如图 5-2 所示。

7. 并联指令

OR 或指令,用于单个常开触点的并联;

ORI 或非指令,用于单个常闭触点的并联;

并联指令使用时占一步程序步,适用于 X、Y、M、T、C 等。

并联指令用法如图 5-3 所示。

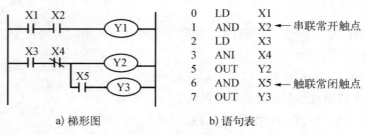

a) 梯形图　　　　　　　　b) 语句表

图 5-2　串联指令用法

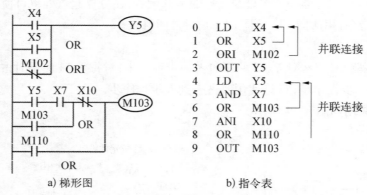

a) 梯形图　　　　　　　　b) 指令表

图 5-3　并联指令用法

8. 置位、复位指令

SET 为置位指令,能使继电器具有维持接通状态的功能。

RST 为复位指令,使用后维持的状态结束,继电器复位。

置位、复位指令用法如图 5-4 所示。

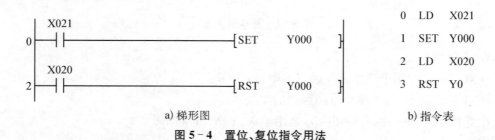

a) 梯形图　　　　　　　　　　　b) 指令表

图 5-4　置位、复位指令用法

9. 编程说明及规则

可编程控制器反复进行输入处理、程序执行和输出处理。若在程序的最后写入END 指令,则 END 以后的其余程序步不再执行,而直接进行输出处理。在调试阶段,在各程序段插入 END 指令,可依次检出各程序段的动作。在编写程序时要注意以下问题:

(1) 水平不垂直,如图 5-5 所示。

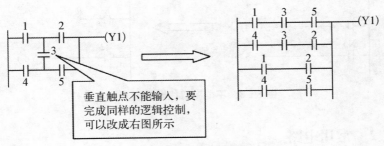

图 5-5　水平不垂直规则

(2) 多上串右,如图 5-6 所示。

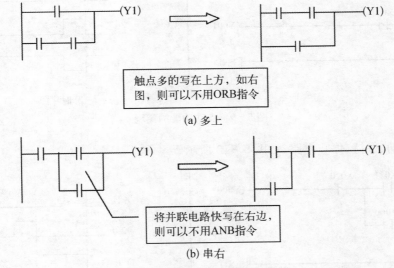

(a) 多上

(b) 串右

图 5-6　a) 多上　b) 串右规则

(3) 线圈右边无触点,如图 5-7 所示。

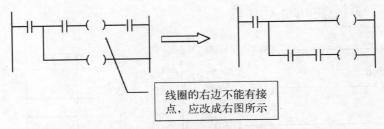

图 5-7　线圈右边无触点规则

(4) 不能有双线圈输出,如图 5-8 所示。

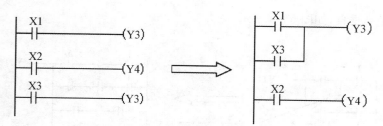

图 5-8 不能有双线圈输出规则

👆 知识点 2 常用电路

（1）点动控制，如图 5-9 所示。

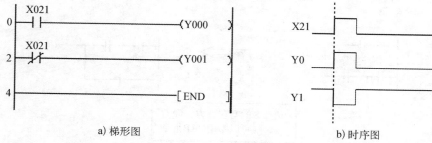

a) 梯形图   b) 时序图

图 5-9 点动功能的实现

（2）启动、保持、停止电路，如图 5-10 所示。

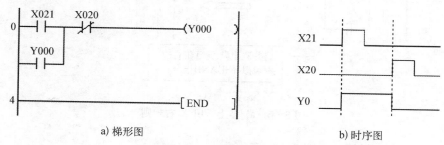

a) 梯形图   b) 时序图

图 5-10 启保停功能的实现

（3）置位与复位，如图 5-11 所示。

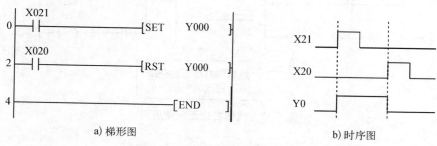

a) 梯形图   b) 时序图

图 5-11 置位、复位功能的实现

（4）互锁控制，如图 5-12 所示。

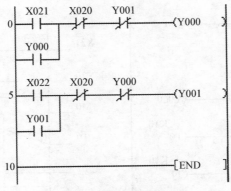

图 5-12　互锁功能的实现

（5）延时接通，如图 5-13 所示。

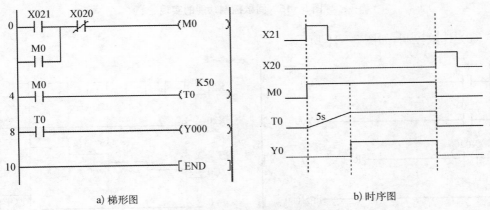

a) 梯形图　　　　　　　　　　　　　b) 时序图

图 5-13　延时接通功能的实现

（6）延时分断，如图 5-14 所示。

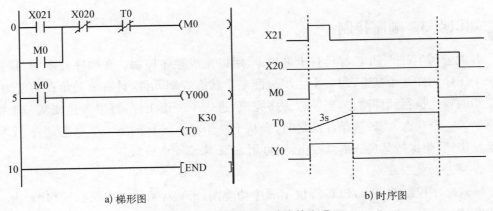

a) 梯形图　　　　　　　　　　　　　b) 时序图

图 5-14　延时分断功能的实现

（7）间歇控制，如图 5－15 所示。

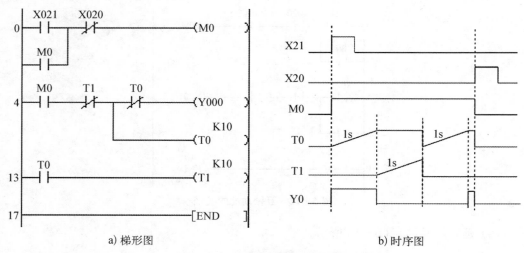

a) 梯形图　　　　　　　　　b) 时序图

图 5－15　间歇控制功能的实现

（8）计数控制，如图 5－16 所示。

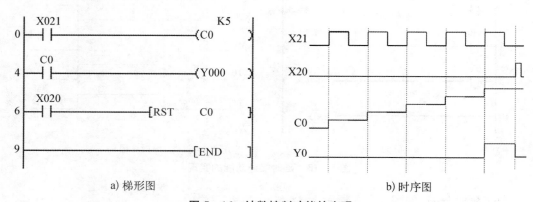

a) 梯形图　　　　　　　　　b) 时序图

图 5－16　计数控制功能的实现

🖐 知识点 3　顺序控制

各大公司生产的 PLC 都具有步进指令，用以完成顺序控制。在顺序控制中，我们把每一个工序叫作一个状态，每一个工步分配一个状态控制元件，具有驱动负载的能力，能使工步的输出执行元件动作，当一道工序完成，进入下一道工序，可以表达成从一个状态转移到另一个状态，当转移条件满足时，会从上一个状态转移到下一个状态，上一个状态自动复位，若要保持某负载继续输出，则可用 SET 来驱动该负载。

1. 顺序功能图组成

针对顺序控制的要求，PLC 提供了顺序功能图（SFC），又称之为状态转移图，由一系列状态（S）组成，如图 5－17 所示。

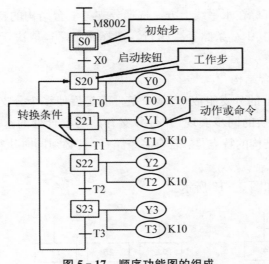

图 5 – 17 顺序功能图的组成

1) 步

将系统的一个工作周期,按输出量的状态变化划分为若干个顺序相连的阶段,每个阶段叫作步,用 S 表示,步又分为初始步和工作步。初始步表示一个控制系统的初始状态,每个控制系统必须有一个初始步,用双线方框表示,S0 – S9 为初始状态专用,S10 – S19 为原点复位专用。工作步中 S20 – S499 为一般使用,S500 – S899 为停电保持使用,S900 – S999 为报警用。

2) 转换条件

步与步之间用有向连线连接,在有向连线上用一个或多个小短线表示一个或多个转换条件,条件满足时实现转换,系统处于某一步时,该表称为活动步。

3) 动作或命令

每一步的输出状态或执行的操作标注为步对应的动作或命令,如果某一步有几个动作,则将几个动作全部标注在步后面,上下排放,同一步的动作之间无顺序关系。

每个状态提供了三个功能:驱动处理、转移条件及后续状态。如状态 S23,当时间继电器 T2 计时时间到,则 S23 步驱动 Y3、T3 开始计时,当 T3 计时时间到 Y3、T3 失电,转移到下一状态 S20 状态。

2. 顺序功能图结构

1) 单流程结构

从头到尾只有一条流程的结构称为单流程结构。其特点是:每一步后面只有一个转换,每个转换后面只有一步,各个步按顺序执行,上一步执行结束转换条件成立,即开通下一步,同时关断上一步。

2) 选择分支与汇合结构

由两条以上的分支组成,从多个分支流程中选择某一个分支执行称为选择分支。各分支有各自的转换条件,分支开始处转换条件的短画线只能标在水平线下,分支汇合处的转换条件的短画线只有标在水平线上方。选择分支与汇合结构的特点是：当有多条路径可选择时，只允许选择其中一条路径来执行。选择哪条路径取决于哪条路径的转换条件首先变为1。

3）并行分支与汇合结构

由两个及两个以上的分支组成，当某个条件满足后使多个分支同时执行的分支称为并行分支，为了强调转换的同步实现，并行分支开始与汇合处的水平连线用双水平线表示。并行分支与汇合结构的特点是：若有多条路径，且必须同时执行，在各条路径都执行后，才会继续往下执行。

顺序功能图结构如图5-18所示。

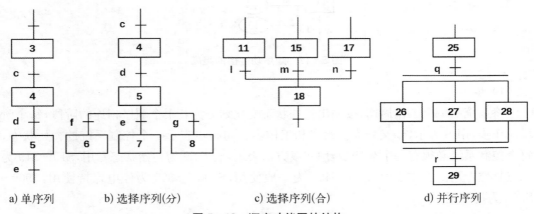

a) 单序列　　　　b) 选择序列(分)　　　　c) 选择序列(合)　　　　d) 并行序列

图5-18 顺序功能图的结构

在实际控制系统中，顺序功能图往往不是单一地含有上述某种结构，而是各种结构的组合。

3. 指令功能

三菱PLC步进梯形图包括STL和RET两条指令。

助 记 符	功 能	顺 序 功 能 图
STL	步进梯形图开始	⊢ STL ⊣⊢ ◯
RET	步进梯形图结束	RET

STL指令只有与状态继电器S配合时才具有步进功能，STL指令的状态继电器只有常开触点，使用STL指令后，触点的右侧起点要使用LD或LDI指令。

RET指令为步进复位指令，使LD点返回主母线。

4. 顺序功能图与梯形图的转换(见图 5 – 19)

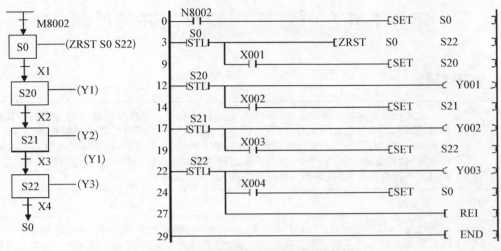

图 5 – 19　顺序功能图与梯形图的转换

STL 指令与基本指令的使用差别：

自动复位功能：采用 STL 指令，当某一状态 S 接通，且满足转移条件时，程序转移到状态器下一状态，同时原状态 S 自动复位。

允许双线圈输出：STL 指令允许在不同状态步中出现多线圈输出，由于每次仅有一个状态步得电，不会出现前后矛盾的输出驱动。

任务十五　PLC 实现卷帘门开关控制

一、学习情境设计

情境描述	企业任务：你所工作的企业接到安装卷帘门的订单。要求安装的自动卷帘门当传感器检测到人、车时，卷帘门上升打开，延时后自动关门，若关门时仍有传感器检测信号，则停止关门，转为开门，直到无检测信号后才自动关闭卷帘门。请根据功能要求学习 PLC 硬件接线、软件编程知识，配置 I/O 端口，画出硬件接线图，编写梯形图，制定制作安装工艺，制订工作计划并实施，最终产品检测后交付。
学习时间	8 学时
学习任务	收集 PLC 相关信息：PLC 的硬件构成。PLC 有哪些功能特点？适用哪些场合？三菱 PLC 有哪些型号？主要差别是什么？三菱 3U 系列 PLC 的时间继电器有哪些种类？有何特点？如何用电机控制卷帘门的开关？电机的启动保持停止如何实现？传感器与 PLC 如何连接？ 根据控制要求，选择 PLC 输入设备、输出设备；配置输入、输出端口；画出硬件接线图，使用 GXDeveloper 进行梯形图的编写与调试；选择导线，根据接线图完成输入、输出设备的接线、程序传输。 系统调试；汇报演示产品完成情况。 注重过程评价；注重工作现场 5S、安全与环境保护。
能力目标	● 能够接受工作任务，合理搜集并整理 PLC 硬件、软件知识信息； ● 能够进行小组合作，制订小组工作计划； ● 能够规范作图、规范接线； ● 能够调试系统，解决调试中出现的问题； ● 能够培养成本意识，核算工作成本； ● 能够自主学习，与同伴进行技术交流，处理工作过程中的矛盾与冲突； ● 能够考虑安全与环保因素，遵守工位 5S 与安全规范。

二、行动过程设计

	工作(学习)行动过程	专 业 能 力		个 人 能 力	
		专业知识	实践技能	社会能力	自我能力
1. 信息	1.1　收集 PLC 相关信息：PLC 的硬件构成。PLC 有哪些功能特点？适用哪些场合？三菱 PLC 有哪些型号？主要差别是什么？三菱 3U 系列 PLC 的时间继电器有哪些种类？各有何特点？如何用电机控制卷帘门的开关？电机的启动保持停止如何实现？传感器与 PLC 如何连接？	电机控制； PLC 硬件构成； PLC 基本指令； 梯形图编写； 传感器	信息查询及整理； 构思控制系统框架	技术沟通与交流	独立学习

（续表）

工作(学习)行动过程			专业能力		个人能力	
			专业知识	实践技能	社会能力	自我能力
1. 信息	1.2	整理信息,列出元器件及材料清单;配置输入、输出端口;确定安装工具清单	元器件及材料清单;工、辅量具清单	端口分配传感器使用	沟通与交流	独立工作
	1.3	成本估算,确定本项目费用项目,估算各项成本,包括时间与人工成本	成本项目;各因素计算方法;时间、人工成本估算			成本核算
2. 计划	2.1	小组汇总,画出 PLC 输入、输出接线图;编写梯形图,共同分享信息阶段的学习成果,形成小组工作成果	PLC 编程、电路图绘制	编程制图	团队意识沟通能力	表达、理解能力
	2.2	小组讨论工作任务目标,协调成员分工	小组成员角色分工		矛盾处理	整体、全局概念
	2.3	小组讨论制订工作计划,关注时间、角色、合作等因素	工作计划与分工		组织能力	KPI 意识
3. 决策	3.1	各小组展位汇报,共同讨论卷帘门控制,相互学习	PLC 梯形图编程、接线图绘制、传感器知识点;用完整的行动过程工作思路判断小组的工作计划与成果		冲突处理	
	3.2	与其他组交流程序、接线图、工作计划对比,并相互讨论,共同决策				比较学习
	3.3	创新工作思路,思考更优的工作项目方案				求精意识
4. 实施	4.1	按决策后的工作计划实施信息收集及说明书开发。注意工作效率、纪律,按时完成任务	企业技术文档的基本规范	项目资料的制作与归档	技术交流	时间管理
	4.2	进行现场5S,对工作过程进行自我评判总结	GXDeveolper 软件使用、电气接线、传感器等知识	5S工作		节能环保意识
	4.3	小组计时员及监督员发挥合理的作用	观察遵守相关规范的情况			时间管理

（续表）

工作（学习）行动过程		专 业 能 力		个 人 能 力	
		专业知识	实践技能	社会能力	自我能力
5.检查	5.1 对照项目任务要求，编制检测计划		确定检查标准		自我检查能力
	5.2 根据检测计划，小组自检项目任务的完成情况，并简单总结、记录	任务中常见错误分析：a. 传感器接线错误；b. 梯形图编程不能满足控制要求；c. 时间管理不合理；d. 不符合安全环保规范	项目工作时突发问题的分析与处理能力	团队合作	
	5.3 检查现场 5S 等执行情况			相互监督遵守规范	规范意识
6.评价	6.1 小组项目任务完成过程及结果总结。全班讲解汇报，相互评价	工作过程与能力导向	技术评价；接受建议		
	6.2 完成评价表，自评、小组评、教师评价		完成学习过程的评价		工作结果整理归档
	6.3 查找小组及个人工作成就与不足，制订下一项目改进计划	PDCA	问题导向		技术沟通与交流

三、考核方案设计

通过现场观察、技术对话、查看学生工作页、评价学生学习结果质量检测报告等手段进行成绩考核，成绩比例如下：

工作页	知识学习	小组工作	技术对话	学习结果	总 计
20%	20%	20%	10%	30%	100%

教师需要准备技术对话记录表、行动过程登记表和产品质量检验表，学生需要按照工作页完成本任务的学习，在过程中完成学习工作页，并提交给教师检查。

四、学习条件建议

实训台：三菱 FX3U 系列实训台，1 台/组；
汇报材料工具：白纸、卡纸、白板、彩笔等，1 套/组；
技术手册：提供相应的技术手册，1 套/组；

现场：工位技术信息张贴处，计划工作台。

五、学生学习工作页设计

学习领域五　可编程控制器技术		学习阶段：
任务十五 PLC 实现卷帘门开关控制	学习载体 三菱 3U PLC 传感器 电机	学习时间：
姓名：	班级：	学号：
小组名：	组内角色：	其他成员：

企业性任务描述：你所工作的企业接到卷帘门制作订单。要求安装的自动卷帘门由正转接触器 KM1 驱动电机正转，使卷帘门上升打开，反转接触器 KM2 驱动电动机使卷帘门下降关闭。在卷帘门上方装有一个超声波传感器 SQ，当检测到有人、车来时发出信号（ON），控制电动机正转，打开卷帘门。门上升至上限 SQ1 后停止。若此时超声波传感器没有检测信号（OFF），则延时 10 s 后电动机反转，自动关门，若传感器仍然发出检测信号（ON），则需要等该信号变为 OFF 后才进行延时关门。门关至下限位 SQ2 后停止。在关门过程中，若 SQ 有检测信号，则立即停止关门，并自动转为开门，然后按照前述过程自动关门。

请根据功能要求学习 PLC 硬件接线、软件编程知识；配置 I/O 端口；画出硬件接线图；编写梯形图；制定制作安装工艺，制订工作计划并实施，最终产品检测后交付。

1. 信息

1.1　独立工作：搜集 PLC 技术方面信息，完成以下任务。

(1) PLC 的硬件主要由＿＿＿＿＿＿、＿＿＿＿＿＿、＿＿＿＿＿＿、＿＿＿＿＿＿、
＿＿＿＿＿＿五部分组成。

(2) PLC 功能特点及 PLC 适用场合。

＿＿

＿＿

＿＿

(3) 三菱 PLC 主要有哪些型号？主要差别是什么？

＿＿

＿＿

＿＿

(4) 三菱 3U 系列 PLC 的时间继电器有哪些种类？有何特点？

_____

_____
_____

_____

(5) 如何用电机控制卷帘门的开、关？

_____

_____
_____

_____

(6) 两线制、三线制传感器与 PLC 如何连接？源型、漏型接线时有何不同？

_____
_____

_____
_____

1.2 独立工作

(1) 列写元件清单。

_____

_____
_____

_____

(2) 配置输入、输出端口。

_____

_____
_____

_____

(3) 请列出本卷帘门控制所需工具及检具清单。

_____

_____
_____

_____

2. 计划

2.1　小组汇总,各成员之间分享信息阶段的学习结果,编写梯形图形成小组工作成果。

_____

_____

_____

2.2　请参照相关文件模板,规范绘制 PLC 硬件接线图。

2.3　制订卷帘门控制系统小组工作计划,确认成员分工及计划时间。在下方记录工作要点。

_____

_____

_____

3. 决策

3.1　小组工作:汇报演讲,展示汇报各小组计划结果、工艺方案、工作计划等。

3.2　小组工作:各小组共同决策,进行关键工艺技术方面的检查、决策,按以下要点执行:

序　号	决　策　点	请　决　策	
1	工序完整、科学	是○	否○
2	工位整理已完成	是○	否○

（续表）

序　号	决　策　点	请　决　策	
3	工具准备已完成	是○	否○
4	过程记录材料准备已完成	是○	否○
5	材料准备已完成	是○	否○
6	元件检测清查已完成	是○	否○
7	场室使用要求已确认	是○	否○
8	劳动保护已达要求	是○	否○

3.3　小组工作：创新工作思路，思考优化梯形图、接线图、工艺方案。

_____

_____

_____

4. 计划实施

4.1　个人/搭档工作：按工作计划实施完成卷帘门控制系统方案，关注现场 5S 与工位整理。记录实施过程中的规范与时间控制要点。

_____

_____

_____

4.2　小组工作：按照计划的方案文件体系，整理归档相关资料。记录更正要点。

_____

_____

_____

4.3　小组工作：工位及现场 5S，按照 5S 标准检查并做好记录。

_____

_____

_____

5. 检查控制

5.1 小组工作：根据项目任务要求，制定项目检查表。

任务十五 卷帘门			检查时间：	
序号	技术内容	技 术 标 准	是否完成	未完成的整改措施
1				
2				
3				
4				
5				
6				
7				

5.2 小组工作：检查任务实施情况，填写上表。

5.3 小组工作：检查各小组的工作计划，判断完成的情况。

检查项目	检 查 结 果			需完善点	其 他
工时执行					
5S执行					
质量成果					
学习投入					
获取知识					
技能水平					
安全、环保					
设备使用					
突发事件					

6. 评价总结

6.1 小组工作：将自己的总结向别的同学介绍，描述收获、问题和改进措施。在一些工作完成不满意的地方，征求意见。

_____

_____

_____

_____

6.2   独立/搭档工作：给自己提出明确的意见，并记录别人给自己的意见，以便提高今后工作效率。

_____

_____

_____

6.3   小组工作：完成相应评价表。

_____

_____

_____

_____

任务十六　霓虹灯控制

一、学习情境设计

情境描述	企业任务：你所工作的企业接到霓虹灯控制订单，需要"欢迎您"字样的三盏灯按控制要求循环闪烁，并且为了减少光污染，霓虹灯仅在每天启动后工作 12.5 个小时。请根据功能要求学习 PLC 相应的编程知识，制订制作霓虹灯控制电路的工作计划并实施，最终产品检测后交付。
学习时间	8 学时
学习任务	搜集学习 PLC 指令，根据控制要求，选择 PLC 输入设备、输出设备；配置输入、输出端口；绘制 PLC 控制霓虹灯硬件电路图，使用 GXDeveloper 进行梯形图的编写与调试；选择导线，根据接线图完成输入、输出设备的接线、程序传输。 　　系统调试；汇报演示产品完成情况。 　　注重过程评价；注重工作现场 5S、安全与环境保护。撰写霓虹灯制作计划并论证；确定所需材料及工、辅、量具清单；演讲汇报，共同决策；工作过程与结果评价总结；注重工作现场 5S 与环境保护；按要求关注安全、环保因素。
能力目标	● 能够接受工作任务，合理搜集 PLC 指令案例，根据控制要求进行改编； ● 能够编写霓虹灯功能说明书与制订工作计划； ● 能够规范作图、规范接线； ● 能够调试系统，解决调试中出现的问题； ● 能够培养成本意识，核算工作成本； ● 能够自主学习，与同伴进行技术交流，处理工作过程中的矛盾与冲突； ● 能够考虑安全与环保因素，遵守工位 5S 与安全规范。

二、行动过程设计

工作(学习)行动过程		专 业 能 力		个 人 能 力	
		专业知识	实践技能	社会能力	自我能力
1. 信息	1.1 收集信息，PLC 的计数器分为哪三类？应用时有哪些注意事项？特殊继电器 M8002、M8011、M8012、M8013、M8014 的功能是什么？如何用 M8013 配合计时器计一分钟？计一小时？闪烁电路至少需要几个时间继电器才能实现？有哪几种实现方法？对应的时序图是怎样的？	PLC 基本指令；梯形图的编写	信息查询及策略应用；构思控制系统框架等	技术沟通与交流	独立学习

(续表)

工作(学习)行动过程		专 业 能 力		个 人 能 力	
		专业知识	实践技能	社会能力	自我能力
1.信息	1.2 整理信息,列出元器件及材料清单,画出霓虹灯工作一个周期的时序图,配置输入、输出端口,确定安装工具清单	元器件及材料清单;工、辅量具清单	端口分配绘图	沟通与交流	独立工作
	1.3 成本估算,确定本项目费用项目,估算各项成本,包括时间与人工成本	成本项目;各因素计算方法;时间、人工成本估算			成本核算
2.计划	2.1 小组汇总,画出PLC输入、输出接线图;编写梯形图,共同分享信息阶段的学习成果,形成小组工作成果	PLC编程;电路图绘制	编程制图	团队意识沟通能力	表达、理解能力
	2.2 小组讨论工作任务目标,协调成员分工	小组成员角色分工		矛盾处理	整体、全局概念
	2.3 小组讨论制订工作计划,关注时间、角色、合作等因素	工作计划与分工		组织能力	KPI意识
3.决策	3.1 各小组展位汇报,共同讨论彩灯控制,相互学习	PLC梯形图编程;用完整的行动过程工作思路判断小组的工作计划与成果		冲突处理	
	3.2 与其他组交流程序、接线图、工作计划对比,并相互讨论,共同决策				比较学习
	3.3 创新工作思路,思考更优的工作项目方案				求精意识
4.实施	4.1 按决策后的工作计划实施信息收集及说明书开发。注意工作效率、纪律,按时完成任务	企业技术文档的基本规范	项目资料的制作与归档	技术交流	时间管理
	4.2 进行现场5S,对工作过程进行自我评判总结	GXDeveolper软件使用;电气接线	5S工作		节能环保意识
	4.3 小组计时员及监督员发挥合理的作用	观察遵守相关规范的情况			时间管理

(续表)

工作(学习)行动过程		专 业 能 力		个 人 能 力	
		专业知识	实践技能	社会能力	自我能力
5. **检查**	5.1　对照项目任务要求,编制检测计划		确定检查标准		自我检查能力
	5.2　根据检测计划,小组自检项目任务的完成情况,并简单总结、记录	项目任务中常见错误及原因分析: a. 信息不充分; b. 振荡电路设计不合理; c. 程序计时时间错误; d. 时间管理不合理; e. 不符合安全环保规范	项目工作时突发问题的分析与处理能力	团队合作	
	5.3　检查现场5S等执行情况			相互监督遵守规范	规范意识
6. **评价**	6.1　小组项目任务完成过程及结果总结。全班讲解汇报,相互评价	工作过程与能力导向	技术评价;接受建议		
	6.2　完成评价表,自评、小组评,教师评价		完成学习过程的评价		工作结果整理归档
	6.3　查找小组及个人工作成就与不足,制订下一项目改进计划	PDCA	问题导向		技术沟通与交流

三、考核方案设计

通过现场观察、技术对话、查看学生工作页、评价学生学习结果质量检测报告等手段进行成绩考核,成绩比例如下:

工作页	知识学习	小组工作	技术对话	学习结果	总　计
20%	20%	20%	10%	30%	100%

教师需要准备技术对话记录表、行动过程登记表和产品质量检验表,学生需要按照工作页完成本任务的学习,在过程中完成学习工作页,并提交给教师检查。

四、学习条件建议

实训台:三菱FX3U系列实训台,1台/组;
汇报材料工具:白纸、卡纸、白板、彩笔等,1套/组;
技术手册:提供相应的技术手册,1套/组;

现场：工位技术信息张贴处,计划工作台。

五、学生学习工作页设计

学习领域五　可编程控制器技术		学习阶段：
任务十六 PLC 实现霓虹灯控制	学习载体 三菱 3UPLC 实训台	学习时间：
姓名：	班级：	学号：
小组名：	组内角色：	其他成员：

企业性任务描述：你所工作的企业接到霓虹灯制作的订单。要求制作"欢迎您"字样的三盏灯,以每两秒点亮一盏的速度依次点亮"欢""迎""您"三个字,依次点亮后持续亮五秒,而后三盏灯以 2 秒为周期闪烁 5 次后熄灭以此为一个周期循环工作。为了减少光污染,霓虹灯仅每天启动后工作 12.5 个小时。

请根据功能要求学习 PLC 硬件接线、软件编程知识;配置 I/O 端口;画出彩灯工作一个周期的时序图,画出硬件接线图;编写梯形图;制定制作安装工艺,制订工作计划并实施,最终产品检测后交付。

1. 信息

1.1　独立工作：搜集 PLC 技术方面信息,完成以下任务。

(1) 三菱 PLC 的计数器分为哪三类,应用时有哪些注意事项?

_____

_____

_____

(2) 特殊继电器 M8002、M8011、M8012、M8013、M8014 的功能是什么?

_____

_____

_____

(3) 如何用 M8013 配合计时器计一分钟? 计一小时?

_____

_____

_____

_____

（4）闪烁电路至少需要几个时间继电器才能实现？有哪几种编程方法可以实现该控制？画出振荡电路对应的时序图。

1.2 独立工作

（1）列写元件、材料清单。

（2）画出霓虹灯工作一个周期的时序图。

（3）配置输入、输出端口。

（4）请列出本霓虹灯控制所需工具及检具清单。

_____

_____

_____

_____

2. 计划

2.1 小组汇总，各成员之间分享信息阶段的学习结果，编写梯形图形成小组工作成果。

_____

_____

_____

_____

2.2 请参照相关文件模板，规范绘制 PLC 硬件接线图。

2.3 制订卷帘门控制系统小组工作计划，确认成员分工及计划时间。在下方记录工作要点。

_____

_____

_____

_____

3. 决策

3.1 小组工作：汇报演讲，展示汇报各小组计划结果、工艺方案、工作计划等。

3.2 小组工作：各小组共同决策，进行关键工艺技术方面的检查、决策，按以下要点执行：

序 号	决 策 点	请 决 策	
1	工序完整、科学	是○	否○
2	工位整理已完成	是○	否○
3	工具准备已完成	是○	否○
4	过程记录材料准备已完成	是○	否○
5	材料准备已完成	是○	否○
6	元件检测清查已完成	是○	否○
7	场室使用要求已确认	是○	否○
8	劳动保护已达要求	是○	否○

3.3 小组工作：创新工作思路,思考优化梯形图、接线图、工艺方案。

_____

_____

_____

4. 计划实施

4.1 个人/搭档工作：按工作计划实施完成霓虹灯控制系统方案,关注现场 5S 与工位整理。记录实施过程中的规范与时间控制要点。

_____

_____

_____

4.2 小组工作：按照计划的方案文件体系,整理归档相关资料。记录更正要点。

_____

_____

_____

4.3 小组工作：工位及现场 5S,按照 5S 标准检查并做好记录。

_____

_____

_____

5. 检查控制

5.1　小组工作：根据项目任务要求，制定项目检查表。

任务　霓虹灯			检查时间：	
序号	技术内容	技　术　标　准	是否完成	未完成的整改措施
1				
2				
3				
4				
5				
6				
7				

5.2　小组工作：检查任务实施情况，填写上表。

5.3　小组工作：检查各小组的工作计划，判断完成的情况。

检查项目	检　查　结　果		需完善点	其　他
工时执行				
5S 执行				
质量成果				
学习投入				
获取知识				
技能水平				
安全、环保				
设备使用				
突发事件				

6. 评价总结

6.1　小组工作：将自己的总结向别的同学介绍，描述收获、问题和改进措施。在一些工作完成不满意的地方，征求意见。

_____

_____

_____

_____

6.2　独立/搭档工作：给自己提出明确的意见，并记录别人给自己的意见，以便提高今后工作效率。

_____

_____

_____

_____

6.3　小组工作：完成相应评价表。

_____

_____

_____

_____

任务十七　上料装置自动控制

一、学习情境设计

情境描述	企业任务：你所工作的企业接到制作自动上料装置的订单。要求控制系统能够自动完成打开炉门、推料机送料、推料机退回后关门的控制。请根据功能要求学习 PLC 顺序控制编程思路及相关指令，绘制 PLC 硬件接线图，制定制作自动上料装置的安装工艺，制订工作计划并实施，最终产品检测后交付。
学习时间	8 学时
学习任务	搜集学习 PLC 步进编程方法及相关指令，根据控制要求，选择 PLC 输入设备、输出设备；配置输入、输出端口；绘制上料装置自动控制硬件接线图，画出该系统顺序功能图，使用 GXDeveloper 进行梯形图的编写与调试；选择导线，根据接线图完成输入、输出设备的接线、程序传输。 　　系统调试；汇报演示产品完成情况。 　　注重过程评价；注重工作现场 5S、安全与环境保护。撰写霓虹灯制作计划并论证；确定所需材料及工、辅、量具清单；演讲汇报，共同决策；工作过程与结果评价总结；注重工作现场 5S 与环境保护；按要求关注安全、环保因素。
能力目标	● 能够接受工作任务，搜集学习 PLC 步进编程方法，根据控制要求画出顺序功能图； ● 能够编写自动上料装置功能说明书与制订工作计划； ● 能够规范作图、规范接线； ● 能够调试系统，解决调试中出现的问题； ● 能够培养成本意识，核算工作成本； ● 能够自主学习，与同伴进行技术交流，处理工作过程中的矛盾与冲突； ● 能够考虑安全与环保因素，遵守工位 5S 与安全规范。

二、行动过程设计

工作(学习)行动过程		专 业 能 力		个 人 能 力	
		专业知识	实践技能	社会能力	自我能力
1. 信息	1.1 搜集信息，PLC 步进编程中"步""初始步""转换条件""活动步"指的是什么？请画出单序列、选择序列、并行序列顺序功能图，并说明使用场合。举例说明 STL、RET、ZRST 指令的使用方法	PLC 步进指令；梯形图的编写	信息查询及策略应用；构思控制系统框架等	技术沟通与交流	独立学习
	1.2 整理信息，列出元器件及材料清单，画出上料装置自动控制系统的顺序功能图，配置输入、输出端口，确定安装工具清单	元器件及材料清单；工、辅量具清单	端口分配；绘制电气接线图；绘制顺序功能图	沟通与交流	独立工作

（续表）

工作(学习)行动过程			专业能力		个人能力	
			专业知识	实践技能	社会能力	自我能力
1.信息	1.3	成本估算，确定本项目费用项目，估算各项成本，包括时间与人工成本	成本项目；各因素计算方法；时间、人工成本估算			成本核算
2.计划	2.1	小组汇总，画出 PLC 输入、输出接线图；根据顺序功能图，编写梯形图，共同分享信息阶段的学习成果，形成小组工作成果	PLC 编程；电路图绘制	编程	团队意识沟通能力	表达、理解能力
	2.2	小组讨论工作任务目标，协调成员分工	小组成员角色分工		矛盾处理	整体、全局概念
	2.3	小组讨论制订工作计划，关注时间、角色、合作等因素	工作计划与分工		组织能力	KPI 意识
3.决策	3.1	各小组展位汇报，共同讨论上料装置自动控制细节，相互学习	PLC 顺序功能图；用完整的行动过程工作思路判断小组的工作计划与成果		冲突处理	
	3.2	与其他组交流顺序功能图、程序、接线图、工作计划对比，并相互讨论，共同决策				比较学习
	3.3	创新工作思路，思考更优的工作项目方案				求精意识
4.实施	4.1	按决策后的工作计划实施信息收集及说明书开发。注意工作效率、纪律，按时完成任务	企业技术文档的基本规范	项目资料的制作与归档	技术交流	时间管理
	4.2	进行现场 5S，对工作过程进行自我评判总结	GXDeveolper 软件使用；电气接线	5S工作		节能环保意识
	4.3	小组计时员及监督员发挥合理的作用	观察遵守相关规范的情况			时间管理

（续表）

工作(学习)行动过程		专 业 能 力		个 人 能 力	
		专业知识	实践技能	社会能力	自我能力
5. 检查	5.1 对照项目任务要求,编制检测计划		确定检查标准		自我检查能力
	5.2 根据检测计划,小组自检项目任务的完成情况,并简单总结、记录	项目任务中常见错误及原因分析: a. 信息不充分; b. 顺序功能图绘制错误; c. 时间管理不合理; d. 不符合安全环保规范	项目工作时突发问题的分析与处理能力	团队合作	
	5.3 检查现场 5S 等执行情况			相互监督遵守规范	规范意识
6. 评价	6.1 小组项目任务完成过程及结果总结。全班讲解汇报,相互评价	工作过程与能力导向	技术评价;接受建议		
	6.2 完成评价表,自评、小组评,教师评价		完成学习过程的评价		工作结果整理归档
	6.3 查找小组及个人工作成就与不足,制订下一项目改进计划	PDCA	问题导向		技术沟通与交流

三、考核方案设计

通过现场观察、技术对话、查看学生工作页、评价学生学习结果质量检测报告等手段进行成绩考核,成绩比例如下:

工作页	知识学习	小组工作	技术对话	学习结果	总 计
20%	20%	20%	10%	30%	100%

教师需要准备技术对话记录表、行动过程登记表和产品质量检验表,学生需要按照工作页完成本任务的学习,在过程中完成学习工作页,并提交给教师检查。

四、学习条件建议

实训台:三菱 FX3U 系列实训台,1 台/组;
汇报材料工具:白纸、卡纸、白板、彩笔等,1 套/组;
技术手册:提供相应的技术手册,1 套/组;
现场:工位技术信息张贴处,计划工作台。

五、学生学习工作页设计

学习领域五　可编程控制器技术		学习阶段：
任务十七 PLC 实现上料装置自动控制	学习载体 三菱 3UPLC 实训台 电机	学习时间：
姓名：	班级：	学号：
小组名：	组内角色：	其他成员：

　　企业性任务描述：你所工作的企业接到制作上料装置订单。要求炉门关闭、运料车在起点压合限位开关为原位，在初始状态下按启动按钮，炉门接触器控制的电机正转，炉门打开；当炉门开到位，压限位开关后，电机停转，控制推料机的电机正转使推料机前进；当推料机前进到位压限位开关后，经5秒延时推料机后退回初始位置；当推料机压限位开关后炉门关闭直到压关门限位开关，这一循环结束。延时10秒后开始下次循环，按下停止按钮系统结束一个循环后停止。

　　1. 信息

　　1.1　独立工作：搜集 PLC 技术方面信息，完成以下任务。

　　(1) PLC 步进编程中"步""初始步""转换条件""活动步"指的是什么？

_____

_____

_____

　　(2) 请画出单序列、选择序列、并行序列顺序功能图，并说明它们的使用场合。

　　(3) 举例说明 STL、RET、ZRST 指令的使用方法。

_____

_____

_____

　　1.2　独立工作

（1）列写元件、材料清单。

_____

_____

_____

（2）画出上料装置自动控制系统顺序功能图。

_____

（3）配置输入、输出端口。

_____

_____

_____

（4）请列出本霓虹灯控制所需工具及检具清单。

_____

_____

_____

2. 计划

　2.1　小组汇总，各成员之间分享信息阶段的学习结果，根据顺序功能图，编写梯形图，形成小组工作成果。

_____

_____

_____

_____

2.2 请参照相关文件模板,规范绘制 PLC 硬件接线图。

2.3 制订自动上料装置控制系统小组工作计划,确认成员分工及计划时间。在下方记录工作要点。

3. 决策

3.1 小组工作:汇报演讲,展示汇报各小组计划结果、工艺方案、工作计划等。

3.2 小组工作:各小组共同决策,进行关键工艺技术方面的检查、决策,按以下要点执行:

序 号	决 策 点	请 决 策	
1	工序完整、科学	是○	否○
2	工位整理已完成	是○	否○
3	工具准备已完成	是○	否○
4	过程记录材料准备已完成	是○	否○
5	材料准备已完成	是○	否○
6	元件检测清查已完成	是○	否○
7	场室使用要求已确认	是○	否○
8	劳动保护已达要求	是○	否○

3.3 小组工作:创新工作思路,思考优化梯形图、接线图、工艺方案。

4. 计划实施

4.1　个人/搭档工作：按工作计划实施完成上料装置自动控制系统方案，关注现场5S与工位整理。记录实施过程中的规范与时间控制要点。

4.2　小组工作：按照计划的方案文件体系整理归档相关资料。记录更正要点。

4.3　小组工作：工位及现场5S，按照5S标准检查并做好记录。

5. 检查控制

5.1　小组工作：根据项目任务要求，制定项目检查表。

任务十七　上料装置			检查时间：	
序号	技术内容	技术标准	是否完成	未完成的整改措施
1				
2				
3				
4				
5				
6				
7				

5.2　小组工作：检查任务实施情况，填写上表。

5.3　小组工作：检查各小组的工作计划，判断完成的情况。

检查项目	检查结果			需完善点	其他
工时执行					
5S 执行					
质量成果					
学习投入					
获取知识					
技能水平					
安全、环保					
设备使用					
突发事件					

6. 评价总结

6.1　小组工作：将自己的总结向别的同学介绍，描述收获、问题和改进措施。在一些工作完成不满意的地方，征求意见。

_____

_____

_____

6.2　独立/搭档工作：给自己提出明确的意见，并记录别人给自己的意见，以便提高今后工作效率。

_____

_____

_____

6.3　小组工作：完成相应评价表。

_____

_____

_____

学习领域六

电气综合技术应用

知识点 1　变频器的构成

异步电动机调速运转时的结构图如图 6-1 所示。通常由变频器主电路(IGBT、GTR或 GTO 做逆变元件)给异步电动机提供调压调频电源。此电源输出的电压或电流及频率,由控制回路的控制指令进行控制,而控制指令则根据外部的运转指令进行运算获得。对于需要更精密速度或快速响应的场合,运算还应包括由变频器主电路和传动系统检测出来的信号。保护电路的构成,除应防止因变频器主电路的过电压、过电流引起的损坏外,还应保护异步电动机及传动系统等。

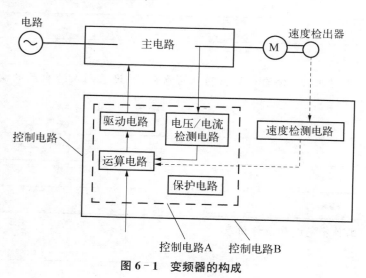

图 6-1　变频器的构成

主电路

给异步电动机提供调压调频电源的电力变换部分,称为主电路。主电路由三部分构成,将工频电源变换为直流功率的"整流器",吸收在变频器和逆变器产生的电压脉动的"平波回路",以及将直流功率变换为交流功率的"逆变器"。另外,异步电动机需要制动时,有时要附加"制动回路"。另外,异步电动机需要制动时,有时需要附加"制动回路"。

1）整流器

最近大量使用的是二极管的变流器。它把工频电源变换为直流电源。也可用两组晶体管变流器构成可逆变流器,由于其功率方向可逆,可以进行再生运转。

2）平波回路

在整流器整流后的直流电压中,含有电源六倍频率的脉动电压,此外逆变器产生的脉动电流也使直流电压变动。为了抑制电压波动,采用电感和电容吸收脉动电压(电流)。装置容量小时,如果电源和主电路构成器件有余量,可以省去电感采用简单的平波回路。

3）逆变器

同整流器相反,逆变器是将直流功率变换为所要求频率的交流功率,以所确定的时间使六个开关器件导通、关断就可以得到三相交流输出。

4）制动回路

异步电动机在再生制动区域使用时(转差率为负),再生能量储存于平波回路电容器中,使直流电压升高。一般说来,由机械系统(含电动机)惯量积蓄的能量比电容能储存的能量大,需要快速制动时,可用可逆变流器向电源反馈或设置制动回路(开关和电阻)把再生功率消耗掉,以免直流电路电压上升。

5）异步电动机的四象限运行

根据负载种类,所需要的异步电动机旋转方向和转矩方向是不同的,必须根据负载构成适当的主电路。

知识点 2　常用的电动机种类

1. 直流电动机

直流电机主要由定子和转子两大部分构成。定子和转子之间的间隙称为气隙。定子的主要作用是产生主磁场并作为结构支撑,它主要由主磁极、换向磁极、机座和电刷装置组成。转子的作用是产生感应电动势和电磁转矩,它主要由转子铁芯、转子绕组、换向器、转轴和风扇组成。

2. 交流电动机

异步电动机由两个基本部分组成:固定部分——定子;转动部分——转子。其中,定子由机座、铁芯和定子绕组三部分组成。转子也是由冲成槽的硅钢片叠成,槽内浇铸有端部相互短接的铝条,形成"笼型",故称"笼型"转子。还有一种转子是在铁芯槽内嵌入三相绕组,并接成星型,通过集电环、电刷与外加电阻接通,即绕线转子。绕线转子电动机在启动时接入可变电阻,正常运转时变阻器可转到零位。

3. 伺服电动机

伺服电动机也称执行电动机,它用于把输入的电压信号变换成电动机轴的角位移或者转速输出。它具有一种服从控制信号的要求而动作的职能,在信号来到之前,转子静止不动;信号来到之后,转子立即转动;当信号消失,转子立刻自行停转。

按照自动控制系统的控制要求,伺服电动机必须具备可控性好、稳定性高和适应性强等基本性能。可控性好是指信号消失以后,能立即自行停转;稳定性高是指转速随转矩的增加而均匀下降;适应性强是指反应快、灵敏。

常用的伺服电动机有交流伺服电动机和直流伺服电动机两大类。

4. 步进电动机

步进电动机是一种将输入脉冲信号转换成输出轴的角位移或直线位移的执行元件。这种电动机每输入一个脉冲信号,输出轴便转过一个固定的角度,即向前迈进一步,故称为步进电动机或脉冲电动机。因而,步进电动机输出轴转过角位移量与输入脉冲数量成正比,而输出轴的转速或线速度与脉冲频率成正比。步进电动机的种类很多,按工作原理分,有反应式、永磁式和感应式三种。其中反应式步进电动机具有步距小、响应速度快、结构简单等优点,广泛应用于数控机床、自动记录仪、计算机外围设备等数控设备。

任务十八 PLC 模拟量方式变频开环调速控制

一、学习情境设计

情境描述	企业任务：随着电力电子技术及控制技术的发展，使得交流变频调速在工业电机拖动领域得到了广泛应用。此项目要求了解变频器外部控制端子的功能，掌握外部运行模式下变频器的操作方法以及正确设置变频器输出参数。通过外部端子控制电机启动/停止、打开"SQ1"电机正转启动。调节输入电压，电机转速随电压增加而增大。请根据电机控制要求学习相关知识，读懂接线原理图，完成项目的安装、调试和移交。
学习时间	16 学时
学习任务	首先，确定任务所需材料及工、辅、量具清单，根据外部接线图完成 PLC、变频器和电机的外部接线；其次，打开电源开关，按照参数功能表正确设置变频器参数，打开示例程序或用户自己写的控制程序，进行编译，将计算机串口与 PLC 进行通讯，打开 PLC 主机电源开关，下载程序至 PLC 中，下载完毕后将 PLC 的"RUN/STOP"开关拨至"RUN"状态；最后，现场完成调试，项目验收。演讲汇报，工作过程与结果评价总结；注重工作现场 5S 与环境保护；按要求关注安全、环保因素。
能力目标	<ul><li>能够接受工作任务，合理搜集并整理 PLC、变频器知识信息；</li><li>能够进行小组合作，制订小组工作计划；</li><li>能够编写 PLC 模拟量输出方式变频开环调速控制的说明书与制订工作计划；</li><li>能够培养成本意识，核算工作成本；</li><li>能够自主学习，与同伴进行技术交流，处理工作过程中的矛盾与冲突；</li><li>能够考虑安全与环保因素，遵守工位 5S 与安全规范。</li></ul>

二、行动过程设计

工作(学习)行动过程		专业能力		个人能力	
		专业知识	实践技能	社会能力	自我能力
1. 信息	1.1 收集信息，学习西门子 S7-200PLC、西门子 MM440 型变频器、三相鼠笼式异步电动机的知识	西门子 S7-200PLC；西门子 MM440 型变频器；三相鼠笼式异步电动机等	信息查询及整理策略；触电急救；思维导图等	技术沟通与交流	独立学习
	1.2 整理信息，熟悉基于 PLC 模拟量方式变频开环调速系统的接线原理图，列出设备、元器件及材料清单，确定安装工具清单	设备接线原理图；西门子 MM440 型变频器参数清单；元器件及材料清单；工、辅量具清单	设备用电安全规范等查阅	沟通与交流	独立工作

（续表）

工作(学习)行动过程		专 业 能 力		个 人 能 力	
		专业知识	实践技能	社会能力	自我能力
1. 信息	1.3 成本估算,确定本项目费用项目,估算各项成本,包括时间与人工成本	成本项目;各因素计算方法;时间、人工成本估算			成本核算
2. 计划	2.1 小组汇总,共同分享信息阶段的学习成果,形成小组工作成果	上述专业知识及术语		团队意识 沟通能力	表达、理解能力
	2.2 小组讨论工作任务目标,协调成员分工	小组成员角色分工		矛盾处理	整体、全局概念
	2.3 小组讨论制订工作计划,关注时间、角色、合作等因素	工作计划与分工		组织能力	KPI 意识
3. 决策	3.1 各小组展位汇报,共同讨论供料机构,相互学习	S7－200PLC编辑软件、工作原理、编程程序、I/O 接线,MM440 变频器控制引脚说明及参数设置,三相异步电动机的工作原理,工具使用、计划等知识。用完整的行动过程工作思路判断小组的工作计划与成果		冲突处理	
	3.2 与其他组交流说明书、工作计划对比,并相互讨论,共同决策				比较学习
	3.3 创新工作思路,思考更优的工作项目方案				求精意识
4. 实施	4.1 按决策后的工作计划实施信息收集及说明书开发。注意工作效率、纪律,按时完成任务	企业技术文档的基本规范	项目资料的制作与归档	技术交流	时间管理
	4.2 进行现场5S,对工作过程进行自我评判总结		5S工作		节能环保意识
	4.3 小组计时员及监督员发挥合理的作用	观察遵守相关规范的情况			时间管理

（续表）

工作(学习)行动过程		专 业 能 力		个 人 能 力	
		专业知识	实践技能	社会能力	自我能力
5.检查	5.1 对照项目任务要求,编制检测计划		确定检查标准		自我检查能力
	5.2 根据检测计划,小组自检项目任务的完成情况,并简单总结、记录	项目任务中常见错误及原因分析:a. 信息不充分;b. 电气接线规范不全面;c. 时间管理不合理;d. 不符合安全环保规范	项目工作时突发问题的分析与处理能力	团队合作	
	5.3 检查现场5S等执行情况			相互监督遵守规范	规范意识
6.评价	6.1 小组项目任务完成过程及结果总结。全班讲解汇报,相互评价	工作过程与能力导向	技术评价;接受建议		
	6.2 完成评价表,自评、小组评,教师评价		完成学习过程的评价		工作结果整理归档
	6.3 查找小组及个人工作成就与不足,制订下一项目改进计划	PDCA	问题导向		技术沟通与交流

三、考核方案设计

通过现场观察、技术对话、查看学生工作页、评价学生学习结果质量检测报告等手段进行成绩考核,成绩比例如下:

工作页	知识学习	小组工作	技术对话	学习结果	总　计
20%	20%	20%	10%	30%	100%

教师需要准备技术对话记录表、行动过程登记表和产品质量检验表,学生需要按照工作页完成本任务的学习,在过程中完成学习工作页,并提交给教师检查。

四、学习条件建议

实训台:西门子 S7 - 200PLC、西门子 MM440 型变频器、三相鼠笼式异步电动机,1 台/组;

汇报材料工具:白纸、卡纸、白板、彩笔等,1 套/组;

技术手册:提供相应的技术手册,1 套/组;

现场：工位技术信息张贴处，计划工作台。

五、学生学习工作页设计

学习领域六　电气综合技术应用		学习阶段：
任务十八 基于 PLC 模拟量方式 变频开环调速控制	学习载体 西门子 PLC、西门子变频器、 三相鼠笼式异步电动机	学习时间：
姓名：	班级：	学号：
小组名：	组内角色：	其他成员：

企业性任务描述：随着电力电子技术及控制技术的发展，使得交流变频调速在工业电机拖动领域得到了广泛应用。此项目要求了解变频器外部控制端子的功能，掌握外部运行模式下变频器的操作方法以及正确设置变频器输出参数。通过外部端子控制电机启动/停止、打开"SQ1"电机正转启动。调节输入电压，电机转速随电压增加而增大。请根据电机控制要求学习相关知识，读懂接线原理图，完成项目的安装、调试和移交。

1. 信息

1.1　独立工作：搜集西门子 S7 - 200PLC 方面信息，完成以下任务。

（1）PLC 的主要部分是由＿＿＿＿＿＿、＿＿＿＿＿＿、＿＿＿＿＿＿、＿＿＿＿＿＿四部分组成。

（2）S7 - 200PLC 的程序有三种：＿＿＿＿＿＿、＿＿＿＿＿＿、＿＿＿＿＿＿。

（3）根据电机输出需求，用户自己编写控制程序绘制在下表空白处。

1.2　独立工作：搜集西门子 MM440 变频器方面信息，完成以下任务。

（1）MM440 变频器接线端子可分为＿＿＿＿＿＿和＿＿＿＿＿＿。

（2）MM440 变频器有两种操作面板，分别为＿＿＿＿＿＿和＿＿＿＿＿＿。

（3）列写参数功能：

序号	变频器参数	出　厂　值	设　定　值	功能说明
1				
2				
3				
4				
5				
6				
7				
8				
9				
10				
11				
12				

（4）请绘制 MM440 变频器面板操作控制接线原理图。

（5）请绘制 MM440 变频器外部接线图。

1.3　独立工作

(1) 请列出本开环调速控制所需工具及检具清单。

_____

_____

_____

_____

(2) 请写出本开环调试控制设备接线步骤。

_____

_____

_____

_____

(3) 请写出本开环调速控制调试方法。

_____

_____

_____

_____

1.4　独立/搭档工作：请写出本项目中成本因素及计算方法，并估算项目成本。

_____

_____

_____

_____

2. 计划

2.1　小组汇总，各成员之间分享信息阶段的学习结果，形成小组工作成果。

_____

_____

_____

_____

2.2　请参考工作计划模板，制订开环控制系统小组工作计划，确认成员分工及计划时间。在下方记录工作要点。

_____

_____

_____

3. 决策

3.1　小组工作:汇报演讲,展示汇报各小组计划结果、工艺方案、工作计划等。

3.2　小组工作:各小组共同决策,进行关键工艺技术方面的检查、决策,按以下要点执行:

序　号	决　策　点	请　决　策	
1	工序完整、科学	是○	否○
2	工位整理已完成	是○	否○
3	工具准备已完成	是○	否○
4	过程记录材料准备已完成	是○	否○
5	材料准备已完成	是○	否○
6	元件检测清查已完成	是○	否○
7	场室使用要求已确认	是○	否○
8	劳动保护已达要求	是○	否○

3.3　小组工作:创新工作思路,思考优化工作项目方案。

4. 计划实施

4.1　个人/搭档工作:按工作计划实施基于PLC模拟量方式变频开环调速系统设计方案,关注现场5S与工位整理。记录实施过程中的规范与时间控制要点。

4.2　小组工作:按照计划的方案文件体系,整理归档相关资料。记录更正要点。

4.3 小组工作：工位及现场 5S，按照 5S 标准检查并做好记录。

_____

_____

_____

_____

5. 检查控制

5.1 小组工作：根据项目任务要求，制定项目检查表。

任务十八 电动机带动传输带的 PLC 模拟量方式变频开环调速控制			检查时间：	
序号	技 术 内 容	技 术 标 准	是否完成	未完成的整改措施
1				
2				
3				
4				
5				
6				
7				

5.2 小组工作：检查任务实施情况，填写上表。

5.3 小组工作：检查各小组的工作计划，判断完成的情况。

检查项目	检 查 结 果	需完善点	其 他
工时执行			
5S 执行			
质量成果			
学习投入			
获取知识			
技能水平			
安全、环保			
设备使用			
突发事件			

6. 评价总结

6.1　小组工作：将自己的总结向别的同学介绍，描述收获、问题和改进措施。在一些工作完成不满意的地方，征求意见。

_____

_____

_____

6.2　独立/搭档工作：给自己提出明确的意见，并记录别人给自己的意见，以便完善后续的工作。

_____

_____

_____

6.3　小组工作：完成相应评价表。

_____

_____

_____

_____

任务十九　机电一体化综合实训设计

一、学习情境设计

情境描述	企业任务：某企业已自主研发的 YL－335B 自动化生产线实训设备，接到订单后，需要将现有的模块化单元进行整体安装和调试。完成该生产线的安装和调试需要组建三菱 FX 系列 PLC、汇川 H2U 系列 PLC 的 N：N 网络和西门子 S7－200 系列 PLC 的 PPI 网络相关知识点，掌握串行通信网络的连接、组态和调试的基本技能；进一步掌握人机界面常用构件的组态，以及脚本编写、实现流程控制的方法；具有自动化生产线整体运行的编程和调试的基本能力。请根据控制要求学习相关知识，读懂安装和电气接线原理图，完成项目的安装、调试和移交。
学习时间	24 学时
学习任务	完成 YL－335B 自动化生产线各工作单元的准备工作，并把工作单元装置安装在工作台上；按照单站篇各站所要求的气动系统图完成气路连接并完成气路调整，确保各气缸运行顺畅和平稳；完成各工作站之间的网络连接，构成分布式控制系统，系统主站指定为输送站。最后，现场完成安装、调试，项目验收。演讲汇报，工作过程与结果评价总结；注重工作现场 5S 与环境保护；按要求关注安全、环保因素。
能力目标	● 能够接受工作任务，合理搜集并整理相关工作站单元的知识信息； ● 能够进行小组合作，制订小组工作计划； ● 能够编写机电综合控制实训台的说明书与制订工作计划； ● 能够培养成本意识，核算工作成本； ● 能够自主学习，与同伴进行技术交流，处理工作过程中的矛盾与冲突； ● 能够考虑安全与环保因素，遵守工位 5S 与安全规范。

二、行动过程设计

	工作(学习)行动过程	专业能力		个人能力	
		专业知识	实践技能	社会能力	自我能力
1. 信息	1.1　收集信息，学习包含 FX、H2U 系列 PLC 的 N：N 通信网络，S7－200 系列 PLC 的 PPI 通信网络等知识	PLC 的通信网络；变频器；组态 TPC7062K 人机界面	信息查询及整理策略；触电急救；思维导图等	技术沟通与交流	独立学习
	1.2　整理信息，熟悉 YL－335B 自动化生产线各工作单元模块设备，列出设备、元器件及材料清单，确定安装工具清单	元器件及材料清单；工、辅量具清单	设备用电安全规范等查阅	沟通与交流	独立工作

(续表)

工作(学习)行动过程		专 业 能 力		个 人 能 力	
		专业知识	实践技能	社会能力	自我能力
1. 信息	1.3　成本估算,确定本项目费用项目,估算各项成本,包括时间与人工成本	成本项目;各因素计算方法;时间、人工成本估算			成本核算
2. 计划	2.1　小组汇总,共同分享信息阶段的学习成果,形成小组工作成果	上述专业知识及术语		团队意识沟通能力	表达、理解能力
	2.2　小组讨论工作任务目标,协调成员分工	小组成员角色分工		矛盾处理	整体、全局概念
	2.3　小组讨论制订工作计划,关注时间、角色、合作等因素	工作计划与分工		组织能力	KPI 意识
3. 决策	3.1　各小组展位汇报,共同讨论供料机构,相互学习	电气控制系统、输送单元、搬运机械手系统、储放系统等知识。用完整的行动过程工作思路判断小组的工作计划与成果		冲突处理	
	3.2　与其他组交流说明书、工作计划对比,并相互讨论,共同决策				比较学习
	3.3　创新工作思路,思考更优的工作项目方案				求精意识
4. 实施	4.1　按决策后的工作计划实施信息收集及说明书开发。注意工作效率、纪律,按时完成任务	企业技术文档的基本规范	项目资料的制作与归档	技术交流	时间管理
	4.2　进行现场 5S,对工作过程进行自我评判总结		5S 工作		节能环保意识
	4.3　小组计时员及监督员发挥合理的作用	观察遵守相关规范的情况			时间管理
5. 检查	5.1　对照项目任务要求,编制检测计划		确定检查标准		自我检查能力
	5.2　根据检测计划,小组自检项目任务的完成情况,并简单总结、记录	任务中常见错误及原因分析: a. 信息不充分; b. 电气接线规范不全面; c. 时间管理不合理; d. 不符合安全环保规范	项目工作时突发问题的分析与处理能力	团队合作	
	5.3　检查现场 5S 等执行情况			相互监督遵守规范	规范意识

（续表）

工作(学习)行动过程		专 业 能 力		个 人 能 力	
		专业知识	实践技能	社会能力	自我能力
6. 评价	6.1 小组项目任务完成过程及结果总结。全班讲解汇报,相互评价	工作过程与能力导向	技术评价;接受建议		
	6.2 完成评价表,自评、小组评,教师评价		完成学习过程的评价		工作结果整理归档
	6.3 查找小组及个人工作成就与不足,制订下一项目改进计划	PDCA	问题导向		技术沟通与交流

三、考核方案设计

通过现场观察、技术对话、查看学生工作页、评价学生学习结果质量检测报告等手段进行成绩考核,成绩比例如下:

工作页	知识学习	小组工作	技术对话	学习结果	总 计
20%	20%	20%	10%	30%	100%

教师需要准备技术对话记录表、行动过程登记表和产品质量检验表,学生需要按照工作页完成本任务的学习,在过程中完成学习工作页,并提交给教师检查。

四、学习条件建议

实训台:YL-335B自动化生产线,1台/组;

汇报材料工具:白纸、卡纸、白板、彩笔等,1套/组;

技术手册:提供相应的技术手册,1套/组;

现场:工位技术信息张贴处,计划工作台。

五、学生学习工作页设计

学习领域六 电气综合技术应用		学习阶段:
任务十九 YL-335B自动化生产线整体运行实训	学习载体 触摸屏、PLC、通信网络、气动系统、伺服系统、变频系统	学习时间:
姓名:	班级:	学号:
小组名:	组内角色:	其他成员:

企业性任务描述:某企业已自主研发YL-335B自动化生产线实训设备,接到订单

后,需要将现有的模块化单元进行整体安装和调试。完成该生产线的安装和调试需要组建三菱 FX 系列 PLC、汇川 H2U 系列 PLC 的 N:N 网络和西门子 S7 - 200 系列 PLC 的 PPI 网络相关知识点,掌握串行通信网络的连接、组态和调试的基本技能;进一步掌握人机界面常用构件的组态,以及脚本编写、实现流程控制的方法;具有自动化生产线整体运行的编程和调试的基本能力。请根据控制要求学习相关知识,读懂安装和电气接线原理图,完成项目的安装、调试和移交。

1. 信息

1.1　独立工作:图 6 - 2 为 YL335B 型自动化生产线设备,根据其单元功能,完成以下任务。

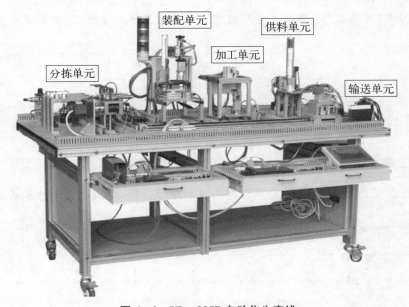

图 6 - 2　YL - 335B 自动化生产线

(1) YL - 335B 型自动化生产线设备由五个单元组成,分别为_____、_____、_____、_____和_____。

(2) 简述供料单元的工作原理:_____
_____。

(3) 简述加工单元的工作原理:_____
_____。

(4) 简述装配单元的工作原理:_____
_____。

(5) 简述分拣单元的工作原理:_____
_____。

(6) 简述输送单元的工作原理：_____

_____。

(7) FX 系列和 H2U 系列 PLC 支持五种类型的通信：_____、_____、_____、

_____和_____。

1.2 独立工作：搜集 S7 - 200 系列 PLC 的 PPI 通信网络方面信息，完成以下任务。

(1) _____是 S7 - 200CPU 最基本的通信方式，通过原来自身的端口就可以实现

通信，是 S7 - 200 默认的通信方式。

(2) PPI 是一种主-从协议通信，主站发送要求到从站器件，从站器件响应；从站器件

不发信息，只是等待主站的要求并做出响应，是一种_____的串行通信。

1.3 独立/搭档工作：请写出本项目中成本因素及计算方法，并估算项目成本。

_____

_____

_____

_____

2. 计划

2.1 小组汇总，各成员之间分享信息阶段的学习结果，形成小组工作成果。

_____

_____

_____

_____

2.2 请参考工作计划模板，制订 YL - 335B 型自动化生产线设备安装、调试小组工

作计划，确认成员分工及计划时间。在下方记录工作要点。

_____

_____

_____

_____

3. 决策

3.1 小组工作：汇报演讲，展示汇报各小组计划结果、工艺方案、工作计划等。

3.2 小组工作：各小组共同决策，进行关键工艺技术方面的检查、决策，按以下要点执行：

序　号	决　策　点	请　决　策	
1	工序完整、科学	是○	否○
2	工位整理已完成	是○	否○
3	工具准备已完成	是○	否○
4	过程记录材料准备已完成	是○	否○
5	材料准备已完成	是○	否○
6	元件检测清查已完成	是○	否○
7	场室使用要求已确认	是○	否○
8	劳动保护已达要求	是○	否○

　　3.3　小组工作：创新工作思路，思考优化工作项目方案。

_____

_____

_____

　　4. 计划实施

　　4.1　个人/搭档工作：按工作计划实施 YL-335B 型自动化生产线设计方案，关注现场 5S 与工位整理。记录实施过程中的规范与时间控制要点。

_____

_____

_____

　　4.2　小组工作：按照计划的方案文件体系，整理归档相关资料。记录更正要点。

_____

_____

_____

　　4.3　小组工作：工位及现场 5S，按照 5S 标准检查并做好记录。

_____

_____

_____

5. 检查控制

5.1 小组工作：根据项目任务要求，制定项目检查表。

任务十九 YL-335B自动化生产线整体运行实训		检查时间：		
序号	技术内容	技术标准	是否完成	未完成的整改措施
1				
2				
3				
4				
5				
6				
7				

5.2 小组工作：检查任务实施情况，填写上表。

5.3 小组工作：检查各小组的工作计划，判断完成的情况。

检查项目	检查结果		需完善点	其他
工时执行				
5S执行				
质量成果				
学习投入				
获取知识				
技能水平				
安全、环保				
设备使用				
突发事件				

6. 评价总结

6.1 小组工作：将自己的总结向别的同学介绍，描述收获、问题和改进措施。在一些工作完成不满意的地方，征求意见。

_____

_____

_____

_____

6.2　独立/搭档工作：给自己提出明确的意见，并记录别人给自己的意见，以便完善后续的工作。

_____

_____

_____

6.3　小组工作：完成相应评价表。

_____

_____

_____

任务二十　机电一体化综合实训设计

一、学习情境设计

情境描述	企业任务：某企业为了提高行业竞争力，打算自主研发一套以 PLC 为控制核心，可进行上位机控制，实现手动或全自动一体化多功能机电控制综合实验台。该实验台是在光电开关检测到输送机上的物块时，用气爪夹取，在蜗轮蜗杆减速器和伺服电动机的带动下，旋转 180°将物块放到储物盒中，并用组成十字滑台的两个步进电机调整其位置，使物块投放到对应位置。请根据控制要求学习相关知识，读懂接线原理图，完成项目的安装、调试和移交。
学习时间	24 学时
学习任务	实验装置的控制柜需包含交流接触器、中间继电器、变频器、PLC 等基本电气控制元件，实现继电器连锁动作实训、接线、系统故障排除、更换电器等内容，观察对系统总体把握与认识；在用电安全设计方面，使用隔离装置供电，所有电源开关采用漏电保护型，增强用电操作安全；机械手搬运控制模块实现机械手的升降、抓取和旋转；通过光电开关实现物料检测功能；通过对变频器参数设置实现调速；通过扩展触摸屏可实现组态及网络通信；最后，现场完成调试，项目验收。演讲汇报，工作过程与结果评价总结；注重工作现场 5S 与环境保护；按要求关注安全、环保因素。
能力目标	● 能够接受工作任务，合理搜集并整理 PLC、机械手控制程序、光电开关检测原理、变频器、实现触摸屏组态及网络通信的相关知识信息； ● 能够进行小组合作，制订小组工作计划； ● 能够编写机电综合控制实训台的说明书与制订工作计划； ● 能够培养成本意识，核算工作成本； ● 能够自主学习，与同伴进行技术交流，处理工作过程中的矛盾与冲突； ● 能够考虑安全与环保因素，遵守工位 5S 与安全规范。

二、行动过程设计

工作(学习)行动过程		专 业 能 力		个 人 能 力	
		专业知识	实践技能	社会能力	自我能力
1. 信息	1.1 收集信息，学习包含空气开关、交流接触器、中间继电器、PLC、变频器、伺服驱动器等知识	西门子 S7-200PLC；变频器、伺服电机	信息查询及整理策略；触电急救；思维导图等	技术沟通与交流	独立学习
	1.2 整理信息，熟悉机电一体化综合实训电气控制系统，列出设备、元器件及材料清单，确定安装工具清单	元器件及材料清单；工、辅量具清单	设备用电安全规范等查阅	沟通与交流	独立工作

工作(学习)行动过程		专 业 能 力		个 人 能 力	
		专业知识	实践技能	社会能力	自我能力
1. 信息	1.3　成本估算,确定本项目费用项目,估算各项成本,包括时间与人工成本	成本项目; 各因素计算方法; 时间、人工成本估算			成本核算
2. 计划	2.1　小组汇总,共同分享信息阶段的学习成果,形成小组工作成果	上述专业知识及术语		团队意识 沟通能力	表达、理解能力
	2.2　小组讨论工作任务目标,协调成员分工	小组成员角色分工		矛盾处理	整体、全局概念
	2.3　小组讨论制订工作计划,关注时间、角色、合作等因素	工作计划与分工		组织能力	KPI意识
3. 决策	3.1　各小组展位汇报,共同讨论供料机构,相互学习	电气控制系统、输送单元、搬运机械手系统、储放系统的工具使用、计划等知识。用完整的行动过程工作思路判断小组的工作计划与成果		冲突处理	
	3.2　与其他组交流说明书、工作计划对比,并相互讨论,共同决策				比较学习
	3.3　创新工作思路,思考更优的工作项目方案				求精意识
4. 实施	4.1　按决策后的工作计划实施信息收集及说明书开发。注意工作效率、纪律,按时完成任务	企业技术文档的基本规范	项目资料的制作与归档	技术交流	时间管理
	4.2　进行现场5S,对工作过程进行自我评判总结		5S工作		节能环保意识
	4.3　小组计时员及监督员发挥合理的作用	观察遵守相关规范的情况			时间管理

（续表）

工作(学习)行动过程		专 业 能 力		个 人 能 力	
		专业知识	实践技能	社会能力	自我能力
5. 检查	5.1　对照项目任务要求,编制检测计划		确定检查标准		自我检查能力
	5.2　根据检测计划,小组自检项目任务的完成情况,并简单总结、记录	项目任务中常见错误及原因分析: a. 信息不充分; b. 电气接线规范不全面; c. 时间管理不合理; d. 不符合安全环保规范	项目工作时突发问题的分析与处理能力	团队合作	
	5.3　检查现场 5S 等执行情况			相互监督遵守规范	规范意识
6. 评价	6.1　小组项目任务完成过程及结果总结。全班讲解汇报,相互评价	工作过程与能力导向	技术评价;接受建议		
	6.2　完成评价表,自评、小组评,教师评价		完成学习过程的评价		工作结果整理归档
	6.3　查找小组及个人工作成就与不足,制订下一项目改进计划	PDCA	问题导向		技术沟通与交流

三、考核方案设计

通过现场观察、技术对话、查看学生工作页、评价学生学习结果质量检测报告等手段进行成绩考核,成绩比例如下:

工作页	知识学习	小组工作	技术对话	学习结果	总　计
20%	20%	20%	10%	30%	100%

教师需要准备技术对话记录表、行动过程登记表和产品质量检验表,学生需要按照工作页完成本任务的学习,在过程中完成学习工作页,并提交给教师检查。

四、学习条件建议

实训台:微机组态＋WinCC＋PC Access、触摸屏、PLC、步进控制系统、气动系统、伺服系统、变频系统,1 台/组;

汇报材料工具:白纸、卡纸、白板、彩笔等,1 套/组;

技术手册:提供相应的技术手册,1 套/组;

现场：工位技术信息张贴处，计划工作台。

五、学生学习工作页设计

学习领域六　电气综合技术应用		学习阶段：
任务二十 机电一体化综合实训设计	学习载体 触摸屏、PLC、步进控制系统、 气动系统、伺服系统、变频系统	学习时间：
姓名：	班级：	学号：
小组名：	组内角色：	其他成员：

企业性任务描述：某企业为了提高行业竞争力，打算自主研发一套以 PLC 为控制核心，可进行上位机控制，实现手动或全自动一体化多功能机电控制综合实验台。该试验台是在光电开关检测到输送机上的物块时，用气爪夹取，在蜗轮蜗杆减速器和伺服电动机的带动下，旋转180°将物块放到储物盒中，并用组成十字滑台的两格步进电机调整其位置，使物块投放到对应位置。请根据控制要求学习相关知识，读懂接线原理图，完成项目的安装、调试和移交。

1. 信息

1.1　独立工作：根据图 6-3 的实验装置机械结构图和图 6-4 的控制方案设计流程图，完成以下任务。

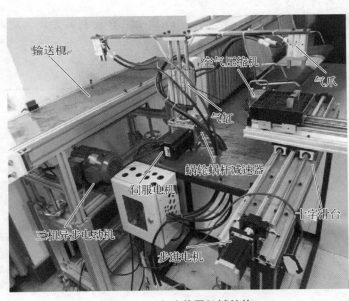

图 6-3　实验装置机械结构

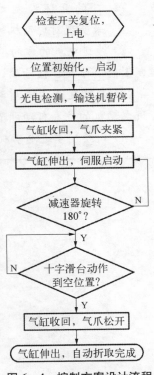

图 6-4　控制方案设计流程

（1）晶闸管型 S7 - 200PLC 和继电器型 S7 - 200PLC 都是作为控制核心，其最主要的区别在于：_____。

（2）选用晶体管型 PLC 控制步进电动机和气动系统，继电器型 PLC 控制伺服电机和变频器，根据需求在下面空白处绘制硬件控制系统设计图。

　　1.2　独立工作：搜集 57 步进电动机和 57/86 步进驱动器及 1605 滚珠丝杆组成的十字滑台方面信息，完成以下任务。

（1）步进电动机是利用_____与_____相连接，将电脉冲信号转变为_____或_____的开环控制元器件。步进电动机的速度控制是通过改变 PLC 发出的_____来实现对电动机的速度控制。

（2）步进电机的方向控制是通过控制输出的_____信号的高低电平到步进电动机控制器的_____信号端，从而来控制步进电动机的转动方向。

（3）本装置通过 PLC 程序中的_____指令和_____输出联合控制的方式实现对步进电动机的位置自动调节。

（4）请绘制步进电动机的电气原理图。

(5) 请绘制步进电动机的外部接线图。

（表格框）

1.3　独立工作：根据气动系统由双导杆气缸、气爪和空气压缩机构成，完成以下任务。

(1) 在气动系统中，对双导杆气缸的控制是用一个二位五通电磁阀控制，阀上配有 1 个来自空气压缩机的进气口 P 和 2 个分别通向气缸的 A、B 口，A、B 分别与进、出气口相连接，因此气缸只有_____和_____两个工作状态。

(2) 电磁阀以_____方式切换气缸的工作状态，即初始通电时，A 口进 B 口出，气缸伸出；断电后，B 口进 A 口出，气缸_____。气爪的工作原理如上所述，对应的状态是气爪的_____和_____。

(3) 利用 PLC 去控制气缸、气爪的动作，节省大量配线和安装工时，现场调试只需要改变_____即可实现目的。

(4) 请绘制气动原理图。

（表格框）

1.4　独立工作：根据伺服系统由伺服电机和伺服驱动器及蜗轮蜗杆减速器构成，完成以下任务。

（1）根据 $m_{气缸} = 2.3$ kg，$m_{气爪} = 0.66$ kg，$L = 0.5$ m（臂长），经计算得出其扭矩为_____。

表 6-1　伺服电机基本参数

机型 ECMA	C10807
额定功率(kW)	0.75
额定扭矩(N·m)	2.39
额定转速(r/min)	3 000
最高转速(r/min)	5 000
转s惯量(kg·m²)	1.13×10^{-4}
机械常数	0.62
径向最大载荷(N)	245
轴向最大载荷(N)	98

（2）计算得出的扭矩与伺服电机的参数对照，发现所需的扭矩远大于电机的额定扭矩，为了保证装置的绝对安全性以及解决伺服电机输出扭矩不足和低转速不易控制的问题，采用传动比为 1：50 的_____。

1.5　独立工作：根据变频系统由变频器、三相异步电动机、输送机及光电开关构成，完成以下任务。

（1）通过链条将_____和_____相连接，利用_____控制电动机从而控制输送机的速度，并用安装在输送带两侧的_____检测物料。

（2）在该系统中，对于物块检测选用对射光电开关，由_____和_____组成。当无障碍时，_____发出的光线直接被接收器接收。当物块通过发射器和接收器之间且完全阻断光纤时，光电开关就产生了_____信号，该信号作为输入信号传给 PLC，使输送机_____。当检测物不透明时，优先选用对射式光电开关作为检测装置。

（3）请绘制光电开关工作原理图。

1.6　独立工作：一体化机电控制综合试验台，可以用按钮等硬件控制，也可以通过计算机组态软件作为上位机进行控制。

（1）触摸屏采用威纶通型号为 TK6102i，使用其专用软件＿＿＿＿＿建立工程文件，编辑好控制界面，做好变量连接，通过＿＿＿＿＿下载口将工程文件下载到触摸屏的存储器中，并用两条 USB PPI 通讯电缆通过 Com1 和 Com3 口与两台 PLC 连接，设置完成后即可实现触摸屏对下位机的控制。

（2）在 Win7 系统的计算机上安装 PC Access 及 WinCC7.0，打开 PC Access，先利用 PLC 通过＿＿＿＿＿通信电缆与 PC Access 建立通信，并在 PC Access 中通过新建项目的方式添加相关变量，并将变量添加到测试客户机，当 PLC 程序运行时，可检测其状态。

1.7　独立/搭档工作：请写出本项目中成本因素及计算方法，并估算项目成本。

_____

_____

_____

2. 计划

2.1　小组汇总，各成员之间分享信息阶段的学习结果，形成小组工作成果。

_____

_____

_____

2.2　请参考工作计划模板，制订机电一体化综合实训小组工作计划，确认成员分工及计划时间。在下方记录工作要点。

_____

_____

_____

3. 决策

3.1　小组工作：汇报演讲，展示汇报各小组计划结果、工艺方案、工作计划等。

3.2　小组工作：各小组共同决策，进行关键工艺技术方面的检查、决策，按以下要点执行：

序　号	决　策　点	请　决　策	
1	工序完整、科学	是○	否○
2	工位整理已完成	是○	否○

（续表）

序　号	决　策　点	请　决　策	
3	工具准备已完成	是○	否○
4	过程记录材料准备已完成	是○	否○
5	材料准备已完成	是○	否○
6	元件检测清查已完成	是○	否○
7	场室使用要求已确认	是○	否○
8	劳动保护已达要求	是○	否○

3.3　小组工作：创新工作思路，思考优化工作项目方案。

_____

_____

_____

4. 计划实施

4.1　个人/搭档工作：按工作计划实施机电一体化综合实训设计方案，关注现场 5S 与工位整理。记录实施过程中的规范与时间控制要点。

_____

_____

_____

4.2　小组工作：按照计划的方案文件体系，整理归档相关资料。记录更正要点。

_____

_____

_____

4.3　小组工作：工位及现场 5S，按照 5S 标准检查并做好记录。

_____

_____

_____

5. 检查控制

5.1　小组工作：根据项目任务要求，制定项目检查表。

任务二十　机电一体化综合实训设计			检查时间：	
序号	技术内容	技 术 标 准	是否完成	未完成的整改措施
1				
2				
3				
4				
5				
6				
7				

5.2　小组工作：检查任务实施情况，填写上表。

5.3　小组工作：检查各小组的工作计划，判断完成的情况。

检查项目	检 查 结 果			需完善点	其 他
工时执行					
5S执行					
质量成果					
学习投入					
获取知识					
技能水平					
安全、环保					
设备使用					
突发事件					

6. 评价总结

6.1　小组工作：将自己的总结向别的同学介绍，描述收获、问题和改进措施。在一些工作完成不满意的地方，征求意见。

_____

_____

_____

_____

6.2   独立/搭档工作：给自己提出明确的意见，并记录别人给自己的意见，以便完善后续的工作。

_____

_____

_____

6.3   小组工作：完成相应评价表。

_____

_____

_____

_____